电力营销服务及案例解析

DIANLI YINGXIAO FUWU
JI ANLI JIEXI

王烨◎编

内 容 提 要

为了提高电力营销服务人员的业务素质和能力，本书结合电力营销服务工作实际，采取经典案例分享和实际案例相结合的方式，对电力营销服务工作进行了解析。

本书共分九章，包括电力客户服务概论、电力营销人员服务、客户投诉心理分析及解决途径、电力营销服务人员基本礼仪、电力营业窗口服务、业扩报装服务、抄核收服务、用电检查服务、装表接电服务等。

本书可供供电企业电力营销服务人员使用，也可供社会各界营销服务人员参考。

图书在版编目（CIP）数据

电力营销服务及案例解析 / 王烨编．—北京：中国电力出版社，2017.1
ISBN 978-7-5198-0043-7

Ⅰ．①电…　Ⅱ．①王…　Ⅲ．①电力工业－市场营销学－案例　Ⅳ．①F407.615

中国版本图书馆 CIP 数据核字（2016）第 277907 号

中国电力出版社出版、发行
（北京市东城区北京站西街 19 号　100005　http://www.cepp.sgcc.com.cn）
航远印刷有限公司印刷
各地新华书店经售

*

2017 年 1 月第一版　　2017 年 1 月北京第一次印刷
850 毫米×1168 毫米　32 开本　4.75 印张　117 千字
印数 0001—2000 册　　定价 **22.00** 元

序　言

做事的最优路径，是站在前人经验和教训的肩膀上前进。我们每到一个新的岗位，最重要的任务，就是收集梳理本岗位上前人、他人的基础业务标准；就是要研究学习前人、他人在本岗位上的实战案例；就是要像海尔那样做到专业工作“日清日结，日事日高”，使自己的岗位实践能够建立在前人的知识积累的基础之上，不走前人走过的弯路，不犯前人犯过的错误。

做事的最高境界是不但能高质量、高标准的做成事，而且能在做成事后，把自己做事的经验教训“闭环”式总结，“折纸”式传承，让后人能够在自己知识和经验积累的平台上，走得更快、更稳、更成功。

“折纸式”传承是相对于“叠纸”式重复的工作方式而言的一种先进的工作方式。“叠纸”是一种不重视积累的工作方式。把五十一张纸叠在一起有多高，这种类型的工作成果就有多厚。你做完事了不总结，不积累，下一次一切从头再来，做事的水平始终是在低水平、小儿科问题上重复，成长进步的厚度比五十一张纸叠在一起也厚不了多少。“折纸”是一种重视积累和传承的工作方式，把一张纸折五十一次是什么概念？是地球到太阳之间距离的厚度。折纸的工作方式，要求我们做到每做完一件事，都认真的总结，使下一次做事的起点，建立在这一次的经验教训和知识积累之上。每一次折纸的具体要求是：阶段性或事件性的工作书面总结了，需归档的工作资料归档了，需修订的工作模板修订了，需完善的工作标准完善了，可列入实践案例的提炼了，可归纳补充专业理论的研究写作出版了。

企业是铁打的营盘，流水的员工。岗位上的人会因年龄、工作需要不断的变换。岗位上的每一个人都是这个岗位人才长链中的关键一环，都有义务和责任，把自己在岗位上的经验和教训“折纸”总结，留下痕迹，传给后人，使自己成为岗位长链中知识积累最丰厚、经验传承最系统的那一环。我以为，能够把自己的专业知识学得很扎实，能够把自己的专业经验梳理的很到位，能够把自己的专业积累用文字或可视的形式整理和传承，是一个员工职业履职尽责的最高境界。

最近，有幸拜读了中国电力出版社即将出版的营销业务专著——《电力营销服务及案例解析》，很受教育。这本书是运城公司员工王烨继《电力营销稽核指南》《电力营销实用问答》《电力营销审计案例解析》《电力营销业扩报装工作实务》之后，出版的又一本营销业务专著。这本书中，有营销专业的前沿知识，有营销业务的实战工作方法，有接地气的营销服务案例解析，也有外专业、外行业的同类型服务实例，是一本提升一线营销服务人员实战能力的很实用的业务指导书。

这本书和与之配套的四本营销专著，反映了作者精湛的专业功底及深厚的实战知识积累。如果作者能够在案例文字化的基础上，进一步把这些案例剧本化，把剧本可视化，最终形成一个可以由员工进行情景模拟，可以在网络通过二维码扫描自学的案例微电影的话，我想它会成为《习惯的力量》一书中所讲的星巴克公司那样高水平的案例，成为新时期公司营销实战培训的实用化课件。在电力体制改革进入深水区，电力营销服务面临新课题、新挑战的关键时刻，给一线营销人员应对改革带来的新的挑战，提升服务品质，起到重要的促进作用。

王烨同志是山西电力文学战线的资深作者，是山西电力文学爱好者协会剧本分会的骨干中坚。近几年，除了上述营销业务专著外，她利用工作之余，主动担负了反映公司一线营销题材的重点文学选题——《营业厅的故事》的主创任务。同时利用业余时间创作完成了《被摧残的花朵》《捞钱计划》等微电影剧本，出版散文专著《留住阳光》《飘零岁月》，创作发表了百余篇散文和诗歌，为山西电力职工文化事业的发展做出了贡献。

我们的企业需要更多王烨同志这样能够做好、总结好、传承好专业技能的“工匠”，我们的企业职工文化建设需要更多王烨同志这样勇于担当课题、自觉展才释能，为电网放歌，为职工书写的精英。期待王烨同志在专业著述上、在文学创作上更多的作品问世，期待公司更多的专业人员及文友向王烨同志学习，创作更多反映山西电力专业成果及文化成果的作品，在企业的文化传承和业务传承上留下自己浓墨重彩的一页。

刘学胜

2016 年 11 月

前　言

随着我国经济发展和社会的不断进步，人们越来越追求生活品位，广大电力客户也不再满足于只是用上电，而是如何用好电，对电力营销服务人员的服务水平提出了更高的要求。目前，电力市场的竞争日趋激烈，所以以优质服务赢得客户、占有市场，在客户的愉悦和满意中取得利润，是当前供电企业面临的重要课题，也是关系供电企业生存和发展的大问题。

为了适应新形势，编者围绕电力营销服务实际案例，通过要点阐述、案例解析，让读者以及电力营销管理者对目前电力营销服务有一个综合性认识。本书涵盖电力营销各个专业，共分九章，主要包括电力营业窗口服务、业扩报装人员服务、抄核收人员服务、用电检查人员服务等方面。通过对电力客户、服务质量、经典故事和实际工作所发生的案例的阐述，经过解析，将每一项业务的服务要点呈现给读者，以方便电力营销服务人员根据自己的需要有选择性地阅读。

本书是一本电力营销服务人员的工具书，融实用性、政策性、知识性于一体，知识点多、内容丰富充实，实践性、针对性、可读性较强，对于电力营销服务人员的进一步学习、理解和掌握电力营销各项工作是很有帮助的。同时，广大电力客户也可从本书中学习和了解电力营销服务的工作内容，是一本知识面广、而且非常实用的读本。

由于编者水平所限，书中难免有不妥之处，敬请读者批评指正。

编　者

2016 年 8 月

目 录

第一章

电力客户服务

第一节　电力客户服务的意义

一、电力客户及服务质量概念

客户就是通过购买产品或服务满足某种需求的群体，包括跟个人或企业有直接的经济关系的个人或企业，是需要服务的对象。对供电企业而言，客户就是可能或已经与供电企业建立供用电关系的组织或个人。

服务就是指为他人做事，并使他人从中受益的一种有偿或无偿的活动。服务不以实物形式，而是以提供劳动的形式满足他人的某种特殊需要。

电力客户服务就是以电能商品为载体，用以交易和满足客户需要的、本身无形和不发生实物所有权转移的活动。

作为电力营销部门，每个人都必须有以客为尊的服务意识，不断提高服务质量，以满足客户的要求。

服务质量是指服务能够满足规定和潜在需求的特征及特性的总和，是服务工作能够满足被服务者需求的程度，是企业为使目标电力客户满意而提供的最低服务水平，也是企业保持这一预定服务水平的连贯性程度。

依据全面质量管理（Total Quality Management，TQM）理论，服务质量取决于客户所感知的服务水平与客户所期望的服务水平之间的差别程度，客户的期望是开展优质服务的先决条件，提供优质服务的关键就是要超过客户的期望值。

服务质量分为有形性、可靠性、响应性、保障性、情感投入五个层面。有形性是指有形的设施、设备、人员和书面材料的外表。可靠性就是可靠地、准确地履行服务承诺的能力。可靠的服务行为是电力客户所期望的，它意味着服务以相同的方式、无差错地准时完成。响应性就是帮助客户并迅速有效地提供服务的愿望。让客户等待，特别是无原因的等待，会对质量感知造成不必要的消极影响。当出现服务失败时，迅速解决问题会给满意度带来积极的影响。保障性指员工所具有的知识、礼节以及使电力客户信任的能力。情感投入强调的是一种情感价值，在需求分析当中用到最多，也是最能体现移情性的一个阶段，客户对这样的因素是非常在乎的，而且也是变化多端的。在这个环节，掌握得好的电力营销服务人员很容易使客户满意。在实践当中有很多方面，比如接待的响应、对客户问题的响应、为客户办理手续的响应、客户承诺履行的响应，以及是否能始终如一地为客户服务等。

二、服务电力客户的意义

营销专家杰克·韦尔奇在讲述他的成功之道时说："企业的存在就是向客户提供服务，发现客户的需求并满足它，任何企业最重要的问题都是如何做好客户服务，任何企业在竞争过程中都期望拥有一个成功的秘诀，可以让自己处于不败之地。"作为供电企业，由于自身的自然垄断性，所以一直以来服务并不是特别受重视。其实，这是没有认识到客户服务对一个企业的重大意义，而这个意义远远超过了企业的经营。美国斯坦林电讯中心董事长大卫·斯坦伯格曾说："经营企业最便宜的方式是为客户提供最优质的服务，做广告虽然能够在短时间内获取大量的客户，但是客户服务不是短期的，而是长期的。"随着供电企业经营体制的改革，以及售电公司如雨后春笋般成立，作为供电企业，已经到了必须以服务求市场、以服务求效益的时候。由此看来，服务并不是可有可无，而是生存和发展的必由之路。

作为电力营销服务人员，首先要有服务意识。什么是服务意识？就是指企业全体员工在与一切企业利益相关的人或企业的交往中所体现的为其提供热情、周到、主动的服务的欲望和意识。即自觉主动地做好服务工作的一种观念和愿望，它发自服务人员的内心，而且服务意识必须存在于每个人的思想意识中，只有大家提高了对服务的认识，增强了服务意识，激发起服务人员在服务过程中的主观能动性，做好服务工作才有思想基础。在此基础上，才能形成有竞争力的服务。那么，什么是具有竞争力的服务？就是企业在服务方面相对其他竞争对手的比较优势，但是这种服务只是一般的竞争力。具有很强竞争力的服务又是什么呢？就是你有、别人都没有，或者你的最好，别人的一般，这个时候，才有超强的竞争力。

服务对于一个企业来讲，就是能够创造另外一种品牌，即服务品牌。而服务品牌创造的难度远比创造知名度品牌还要大。作为供电企业，其品牌的树立及硬件的投入非常大。可是，纵观 95598 投诉举报不难发现，电力营销服务人员对于服务的认识在思想上并没有充分重视。面对竞争日益激烈的电力市场，用持之以恒的态度做好服务，是防止客户流失的最佳方式，也是用低廉的成本获得最优的效益的一种手段。

三、电改对电力服务行业的冲击

打破垄断、引入竞争、降低电价、改善服务、提高效益、促进发展，是电力体制改革的必然趋势。目前国家对售电市场进行重构，引入了多元化的受电主体，即多家售电公司同时进入市场，也就是在不久的将来，客户可以按市场价格选择售电公司购电，也可继续按政府定价从电网企业购电，符合条件的大客户还可直接向发电企业购电。

从目前国家出台的《关于推进售电侧改革方案的实施意见》（发 9 号文件）精神来看，当售电侧开放后，客户的选择会出现很大差异。比如：有的客户选择价格更加经济的售电公司；有些注重环保的客户可能选择购买绿色电力；有些客户可能选择售电公司提供定制服务或专属解决方案。在这种情况下，电网企业和售电公司为吸引各类客户，除了在价格上进行竞争，还将不断进行电力营销产品和服务上的竞争。从国外来看，美国德克萨斯州售电侧放开后，出现了15个类别、300多种不同的产品和服务。

从电力市场角度来看，电力市场改革后，以销出产品取得利润为终点的传统理念，将变为重视通过客户的满足获得利润。因为这个时候，客户关心的不仅是产品，而且更加重视售后服务和电力客户意见的反馈，即既取得效益，又使客户高兴、满意。

四、电力发展对营销服务的新要求

自新中国成立以来，电力营销客户服务一直根据社会需求而不断变化，不同阶段具有不同的服务内涵。

（一）第一个阶段

在这个阶段，供电企业按照“纠建并举、以纠为主”的方针，落实的是计划用电，重点打击以电谋私行为。主要是统筹兼顾、计划用电，以满足社会的用电需要。当时，由于国家处于计划经济时期，发电能力不足，电网结构也不合理，调峰手段更是匮乏，在这个时期，供电企业便从全局利益出发，按照“计划用电、节约用电、安全用电”理念，实行计划用电和供用电合同制度。核定包干电量，实行分级考核管理，加强计划用电监督检查。1982年原电力部提出了大力提倡优质服务，改善服务态度，开展了“双文明达标活动”，制定了有关服务岗位的职工文明礼仪守则，签订精神文明责任状等，这是电力客户服务工作框架的雏形。

（二）第二个阶段

进入20世纪90年代，国家开始实施经济体制改革和集资办电。多渠道筹资办电的快速崛起，促进了电力工业的发展。这种情况下，电力供应紧张的局面总体得到了改善，电力供需基本上达到了平衡。这时，加强优质服务的重要现实意义日益显现。1995 年，原电力部开展了规范服务用语、提高服务质量的活动，推出了 40 条供电企业文明服务用语和供电服务指标，要求各级窗口做到语言美、仪表美和行为美。

（三）第三个阶段

自 20 世纪 90 年代中期开始，我国的用电结构发生了很大变化，电力买方市场的宏观环境已经形成，以服务作为提高市场核心竞争力的法则显得越来越重要。1998 年，供电企业启动了城乡电网建设改造工程，投资 2000 亿元，改善服务硬件环境，同时全面推进“一户一表”，实行“供电、抄表、收费、服务”四到户管理模式。2001 年 1 月 17 日，国家电网公司又开展了“电力市场整顿和优质服务年”活动，提出了“优质、方便、规范、真诚”八字服务方针，实行了首位责任制。

（四）第四个阶段

目前，电力服务被赋予了更深、更全面的涵义，即在原来服务的基础上，推出了“你用电我放心”的服务理念，并且开通了多种服务渠道。比如：广东惠州供电局在规范业扩流程全过程管理的基础上，进一步完善客户档案收集和整理，以全面反映用电业务办理流程状况。湖南省电力公司除通过电话、信函等传统方式受理客户投诉外，还与网络媒体合作，开拓客户投诉、举报渠道。山西省电力公司积极开拓服务渠道，与银行、邮政等合作，开展代收电费网点 1796 个，增设自助缴费终端 97 台。2013 年，国家电网公司实现了 95598 投诉、举报、意见、建议、表扬等“五项业务”集中运营，并于 2014 年 10 月覆盖 95598 全业务。95598 服务渠道及相关服务项目的统一运作的适用性直接影响到供电客户服务。2014 年国家电网公司印发了《供电服务质量标准》和《供电服务提供标准》。2015 年国家电网公司开通手机 APP 业务，方便客户查询用电情况、电费资讯及停电状况等。在以往供电服务规范的基础上，供电服务将服务过程按照可量化的服务质量要求，转化为定量指标，按供电产品、服务渠道和服务项目分类整理。

五、客户服务的几个误区

（一）微笑就是服务

错误认识：有的电力营销服务人员认为为客户服务只是一种浅层次的商业技巧，只要服装统一，喊喊口号，用微笑招呼客户就算完事了。

正确认识：客户服务是一套复杂的制度系统，主要包含系统的服务理念、服务工具、服务流程、服务人员培训等。没有制度支撑的服务，只是口号，而不是实质上的服务。

（二）服务是营销部门的事

错误认识：认为客户服务只是电力营销部门人员的事，营销部门的人去搞搞就可以了，跟其他部门无关。

正确认识：客户服务是整个企业的任务，营销、管理、行政、财务、后勤等各个部门都必须围绕客户的需求进行运作，否则只会导致满意度下降。

（三）服务是成本

错误认识：认为客户服务会耗费企业成本，成为企业的负担，会直接降低企业的利润。

正确认识：客户服务是维系客户满意度的最佳武器，缺乏卓越的客户服务，企业的产品不可能得到客户的认可，利润更谈不上。

（四）服务的价值就是解决投诉

错误认识：认为客户服务的价值，只不过是解决客户的投诉而已，没有什么其他的价值。

正确认识：客户服务是关系企业产品能否畅销的根本所在，它能帮助企业建立高效的客户关系，洞察客户的需求变化，影响客户对企业的产品作出最终选择，从根本上决定企业和产品在市场上的受欢迎程度。

（五）客户服务只有在那些服务行业中才适用，对供电企业没什么大用

错误认识：认为客户服务只有在商品交换的服务行业中才实用，而对具有自然垄断性的供电企业缺乏太大的价值。

正确认识：客户是企业唯一永恒的资产，任何行业都不可缺失。没有哪个企业不需要跟客户建立高效的客户关系，也没有哪个企业希望与它的客户疏远。做不好客户服务，企业最终会失去客户的信赖，并被市场无情地淘汰。

台湾的王永庆是著名的台商大王、华人首富，被誉为华人的经营之神，他一生之所以能够取得如此辉煌的成就，其中一个重要的原因就是他能够提供比别人更多、更卓越的服务。王永庆 15 岁的时候在台南一个小镇上的米店里做伙计，深受掌柜的喜欢，因为只要王永庆送过米的顾客都会成为米店的回头客。他是怎样送米的呢？到顾客的家里后，王永庆不像一般伙计那样把米放下就走，而是找到米缸，先把里面的陈米倒出来，然后把米缸擦干净，把新米倒进去，再把陈米放在上面，盖上盖子。王永庆还随身携带两大法宝：第一个法宝是一把软尺。当他给顾客送米的时候，他就量出米缸的宽度和高度，计算它的体积，从而知道这个米缸能装多少米。第二个法宝是一个小本子，上面记录了顾客的档案，包括人口、地址、生活习惯、对米的需求和喜好等。用今天的术语来说，就是客户资料档案。到了晚上，其他伙计都已呼呼大睡，只有王永庆一个人在挑灯夜战，整理所有的资料，把客户资料档案转化为服务行动计划，所以经常有顾客打开门看到王永庆笑眯眯地背着一袋米站在门口说："你们家的米快吃完了，给你送来。"然后顾客才发现原来自己家真的快没米了。王永庆这时说："我在这个本子上记着你们家吃米的情况，这样你们家就不需要亲自跑到米店去买米，我们店里会提前送到府上，你看好不好？"顾客当然说太好了，于是，这家人就成为米店的忠诚客户。后来，王永庆自己开了一个米店，因为他重视服务，善于经营，生意

非常的好，后来生意越做越大，成为著名的企业家。

王永庆故事的启示：①服务可以创造利润、赢得市场。②卓越的、超值的、超满意的服务，才是最好的服务。

六、案例解析

【案例 1-1】

2016 年年初，一位婆婆来到某供电所营业厅柜台前，太婆一来，不分青红皂白就指责营业员罗某：“我刚才在交费的时候，收费人员告诉我此次交费交的是 4 月份电费，可我明明已交了 4 月份的电费，为什么又要我交 4 月份的电费？”罗某立马站起身，微笑着对太婆说：“对不起。”随后，她引导太婆坐下，并联系收费人员了解此事。可是，太婆依然不依不饶地对罗某横加指责，罗某觉得委屈，随后弃太婆而去。后来，太婆拨打了 95598 进行了投诉。

【案例解析】

上述案例中，罗某在工作中虽然有服务意识，可是，今天的客户对电力服务的期望值越来越高，他们更注意自己所得到的服务的效果。罗某在工作中虽然做到了微笑服务，可是，当客户不满意时，她“忍”的程度还显不足，她的微笑服务还未做到极致。所以，她感到自己的付出与收获不成正比，继而弃太婆而去，引发了客户投诉。

【处理方法】

（1）提供更多的附加值。比如，当太婆暴跳如雷的时候，罗某可以和太婆拉家常，转移她的注意力。若是工作失误造成的，除了道歉，还可送一些小礼物，使太婆满意而归。

（2）倾听、安抚太婆，用“何时”提问法进行情绪处理。比如，客户说：“你们根本是瞎胡搞，不负责任才导致了今天的烂摊子！”客服经理可以这样回答：“您从什么时候开始感到我们的服务没能及时替您解决这个问题？”用一些“何时”问题来冲淡其中的负面成分。

（3）转移话题的方法。比如，当客户按照他的思路在不断地发火、横加指责时，电力营销服务人员可以抓住一些其中略为有关的内容来扭转方向和气氛。客户说：“你们这么搞把我的日子彻底搅了，你们的日子当然好过，可我还上有老下有小啊！”客服经理可以这样回答：“我理解您，您的孩子多大啦？”客户：“嗯……6 岁半。”

【借鉴案例】

《哈佛商业杂志》曾刊登希尔顿服务理念，即使是借债度日，也要坚持“对客人微笑”。无论遭受何种困难，希尔顿服务员脸上的微笑永远保持。

1919 年，美国旅馆大王希尔顿用他挣来的几千美元，加上他父亲留给他的 12000 美元，开始了雄心勃勃的经营旅馆生涯。当他的资产从 1500 美元奇迹般地增值到几千美元的时候，他欣喜而自豪地把这一成就告诉了他的母亲。可是，他的母亲却淡然地告诉他：“依我看，你和以前根本没有什么两样，事实上，你必须把握比 5100 万美元更值钱的东西，除了对顾客诚实之外，还要想办法使来希尔顿旅馆住过的人还想再来，你要想出一种简单、容易、不花本钱而行之久远的办法吸引顾客，这样你的旅馆才有前途。”母亲的忠告使希尔顿陷入迷惘：究竟什么办法才具备母亲指出的“简单、容易、不花本钱而行之久远”这四大条件呢？他冥思苦想，不得其解。于是他逛商店、走访旅店，以自己作为一个顾客的亲身感受，得出了准确的答案：微笑服务。只有它才实实在在地同时具备母亲提出的四大条件。从此，希尔顿实行了微笑服务这一独创的经营策略。每天他对服务员的第一句话是“你对顾客微笑了没有？”他要求每个员工不论如何辛苦，都要对顾客投以微笑，即使在旅店业务受到经济萧条严重影响的时候，他也经常提醒职工记住：“万万不可把我们心里的愁云摆在脸上，无论旅馆本身遭受的困难如何，希尔顿旅馆服务员脸上的微笑永远是属于旅客的阳光。”

微笑服务吸引了顾客，但之所以能够留住顾客绝不仅仅是靠对顾客的微笑。其实，微笑只是一种形式。其含义是非常丰富的。它体现了一种观念、一种心态，一种把顾客利益置于中心位置的经营理念。在这种理念的支配下，为了满足顾客的要求，希尔顿“帝国”除了到处都充满“微笑”外，在组织结构上，希尔顿尽力创造一个尽可能完整的系统，以便成为一个综合性的服务机构。饭店除了提供完善的食宿外，还设有咖啡厅、会议室、宴会厅、游泳池、购物中心、银行、邮电局、花店、服装店、航空公司代理处、出租汽车站等一套完整的服务机构和设施，使得到希尔顿饭店投宿的旅客有一种“宾至如归”的感觉，这才是留住顾客的根本原因。

【案例 1-2】

李某是某供电公司营业厅一名普通座席人员，有一天，她刚接起电话就听到客户暴跳如雷的声音，李某当即气恼地挂断电话，客户随后拨打了 95598 供电服务热线进行投诉。

【案例解析】

客户的抱怨所传递的信息对供电企业至关重要，它为企业提供了一种市场反馈的机制，能帮助企业节约成本、迅速转换思路。其实，服务的危机是客户抱怨越来越少，家庭的危机是双方争吵越来越少，工作的危机是指导的人越来越少。抱怨是金，抱怨即赠礼，面对抱怨，首先是感恩，对某项情况，我们不一定认同客户的观点，但心情要认同。客户并不要求你懂多少，而是关注他们多少。上述案例，当李某接到客户不满电话时，不但要处理，还要及时处理，首先处理客户的心情，认同客户的观点，说明自己的不足，然后再处理客户的事情，方能取得客户的满意。

【处理方法】

（1）不断地向客户赔不是，记录问题点。无论客户对错与否，在道歉的同时都要记录客户投诉的问题和提到的重点，赶快记录下来，之后保持思路清晰，再帮客户处理问题。

（2）不要在电话中与客户产生争执，安抚自己的情绪。一接起电话就听到客户暴跳如雷的声音，这个时候，作为电力营销服务人员，火气可能一下子就上来了，记住，要把自己的情绪稳定下来，只有心平气和的时候，才能把事情处理好。比如，你可以这样答复："对不起，××先生/女士，您不要着急，请问有什么可以帮你？"

（3）可用"新来的"取得客户谅解。因为每一位电力营销服务人员需要一个成长的过程，对于客户服务之初的稚嫩，大部人都会觉得情有可原。但是，这个"新来的"字眼要注意根据情况灵活使用。

【借鉴案例】

某银行投诉处理高手王某，有一天刚接起电话就听到一个客户破口大骂，王某对着电话说："真的很抱歉，给您带来了不便，正如您之前所说的，员工的培训确实重要，我们以后一定会加强这方面的工作……是的……是的，她是新来的……谢谢您的谅解！谢谢您对我们工作的支持，再见。"

该银行王某之所以能够处理好这个棘手的投诉，王某事后说："可能我的态度比较好吧。"后来，他想了想又说："我给客户做了详尽解释，而且诚恳地向他道歉了，我觉得这位客户比较好说话，他人好，事情自然就好办了，呵呵。而且，我告诉他营销人员是新来的，客户听了以后，本来还生气一下就不生气了。"

第二节　电力客户满意度

美国华盛顿技术协助研究计划 TARP 曾经研究得出：25 个不满意的客户中仅有 1 个会投诉，另外 24 个不会投诉的，但他们会将他们的不满意告诉 16～20 个人。客户 1 次不愉快的经历要用 12 次的愉快经历去补偿。因此，一定要正视客户的不满意。其实，不满意的客户是企业最珍贵的资源。相关统计显示，只有 5%的不满意客户会抱怨，大多数客户会减少购买量或转向其他企业。虽然电力市场自然的垄断性不存在客户少买或不买的问题，但不满意的客户会将抱怨向他人传播，继而影响到企业的信誉与形象。

现实工作中，电力营销服务人员会有这样的体会，现在客户越来越不满足，越来越难伺候。甚至有人认为，供电企业提出的优质服务是给自己套枷锁。可是，不难看出，供电企业的产品和服务越来越完善，客户的满意度越来越高。

一、客户满意度

就广泛的含义来讲，任何能够提高客户满意度的内容，均属于客户服务范畴。满意度是指客户期望的待遇与察觉待遇之间的差异。电力客户的满意度是指客户在接受某一电力服务时，实际感知的服务与预期得到的服务的差值。通俗地说，客户希望获得的服务与实际感知到的服务的差距就是满意度。当客户感知与客户预期吻合，则满意；当客户感知低于客户预期，则不满意；当客户感知高于客户预期时，客户就会高度满意甚至愉悦。满意度越大，这个差距就越小，满意度越小，这个差距就越大。

由于电力产品不同于其他产品，电能是一种清洁能源，没有外形，也不能存储，但它有质量参数（如电压等级、频率）反映质量水平，正是由于电能的这些特殊性，使得供电企业客户满意度的评价指标有别于其他产品。

根据马斯洛的需求层次理论，供电企业客户满意度分为四个层次。第一个层次：核心产品或服务。它是提供给客户最基本的东西，企业必须把核心产品或者服务做好。电力产品的核心是电，稳定性是客户满意的基本。第二个层次：辅助服务。即在提供产品或服务外，为客户提供外围的主动性服务。由于电力产品差别不大，所以可以通过提供辅助服务逐步将自身同竞争对手区别开来。第三个层次：情感和归属感。人人都希望得到照顾，如果客户对企业产生归属感，他对企业的满意度必将提高。第四个层次：互帮互助。由于电力产品不同于其他产品，所以客户看重的不仅是高质量的核心产品和企业所提供的服务，还有交易时双方的地位是否平等。

作为供电企业，满意度包括客户对电力公司的总体评价、客户对电力供应的总体评价、客户对服务品质的总体评价、满足客户期望的程度、与同区域其他公共事业（水、气、电信等）相比的差异、与上年相比的差异、客户抱怨的情况（投诉频率）。满意度的公式为

$$满意度=\frac{感受值}{期望值}$$

感受值是指实现后的实际状态。期望值是指客户根据以往的经历、经验或从别处获得的信息而建立的对某一事物目标状态的评估。感受值是客观存在的，是不以人的意志为转移的。期望值是主观建立的，所以，同一事物不同的人或同一事物同一人不同时期，期望值都可能不同。对于电力客户，如今，期望值越来越高，他们会认为供电企业的服务水平并未完善，许多员工还不在乎是否提供优质服务，与以前相比，他们对服务有了更多的要求，对服务更加不满意，需要更好的服务质量。

二、提高客户满意度的途径

客户不满意后会产生种种行为，比如告诫他人、披露媒体、进行投诉举报等。电力客户的满意度虽是一种既定认识，并由经验信息构成，但同样是可以改变的。

（一）改变客户的逻辑思维

一般而言，客户根据以往的经验或已知信息建立起来的期望值是不稳定的，当然这种情况主要出现在客户期望值的建立初期，这个时候客户对自己的期望本身就不自信。因此，这时如果抓住时机，给客户描绘出另外一个期望值，就可降低客

户的期望值，从而提高客户的满意度。

2014 年 4 月 6 日，某化工企业向当地供电公司申请容量为 15000 千伏·安专线高压供电。作为重要企业，该客户在申请时咨询电力营销服务人员："我们报装后多长时间能够送上电？"电力营销服务人员回答："我们将在最短的时间内确定供电方案，由于你们企业属于重要客户范畴，为了确保设备质量与安全，根据流程，你们设计好后，基本上应该在 100 个工作日内完成施工。"那么，客户听到电力营销服务人员的这个答复后会想："100 个工作日，这么长时间？"这样，他起初的期望值已经被打破。但当电力人员按照规定时限 60 个工作日完成时，他的满意度就会提高。

（二）个性化差别服务

营销上有一个概念，叫"二八"法则。用在供电企业，这个"二八"法则可以这样定义，即理论上 80%的客户只带来 20%的利益，而 20%的客户却带来 80%的收益。所以，根据客户情况进行客户分类，针对不同类型的客户制定不同的供电服务方案。对于大客户，开展上门服务，提供业务咨询及受理，或者将情况类别相近的客户归为一类，方便集中管理。

由于不同行业用电性质不同，用电需求也存在着差异，所以对不同行业归类进行需求侧管理，不仅能降低客户及自身费用，而且还能提高用电效率。下面是一篇某供电公司用电方案私人定制的报道。

2016 年某月，某供电公司工作人员来到某公司，主动了解客户近期用电需求，针对该企业的用电特征，提前"按需定制"给企业制定了可靠的供电方案。据了解，该公司去年用电量为 2.19 亿千瓦·时，是该市的用电大户。为此，该供电公司根据该企业供电线路运行情况，制定出"提高重要性等级，严格控制计划停电；加强通道巡视，努力避免因外力破坏等引起的故障停电；同时帮助企业对用电情况进行分析，找到把各类停电给企业造成的损失降至最小程度的解决方法。"

（三）微笑服务

微笑服务不仅让客户觉得亲切，还能感染他人，情商高的人，善于运用言语措辞，笑脸迎人。作为电力营销服务人员，迎接引导时，要面带微笑、目光正视、起身站立，并辅于手势（5 指并拢）引导客户就座。比如：受理业务时，一定要保持微笑，耐心引导客户填写相关表单。当客户办完业务离开时，应立即停下手中的工作，站立微笑送走客户并真诚感谢客户。

三、提升客户满意度的关键时刻

（一）服务客户的关键时刻

电力营销领域所谓的“关键时刻”，是提高电力营销工作的一个简单有力工具。“关键时刻”一词是由斯堪的纳维亚航空公司总裁詹·卡尔森通过实践总结出来的，他形成了一套理论，并且因此促就了与北美学派齐名的服务管理中的“诺丁学派”。詹·卡尔森于 1981 年成为斯堪的纳维亚航空公司总裁，当时该公司境况不佳，但詹·卡尔森仅用一年时间就使该公司由亏损 3000 万美元转变为盈利 100 万美元。他将自己的业绩归功于有效地实施了“关键时刻”。卡尔森是这样发现“关键时刻”的：他询问乘客在乘坐斯堪的纳维亚航空公司的飞机旅行后有何感想和结论。调研后他发现，假如乘客看到放在面前的碟子没有刷干净，他就会认为该公司忽略飞机发动机的检修，这样，乘客以后就有可能决定不乘坐这家公司的飞机了。卡尔森和员工开始时无法理解这种逻辑。清洗碟子的人员又不负责检修发动机，乘客怎么能认为碟子上的咖啡渍和发动机检修有关呢？

其实，人们通常在看到个别现象后，会对公司总体形象加以概括，这就是第一印象。这些个别现象在很大程度上影响着客户的决定：是否购买这家公司的产品或接受这家公司的服务，而且这种关联时时刻刻在发生，这些个别的现象常常会带来不良的后果。“关键时刻”是一种简单易行的方式，能够辨明客户做购买决定的方法。有了这个信息，预测客户就会变得更有趣和更有成效。员工会利用这些信息，迅速高效地筛选出可能的客户，并将他们列为服务重点。在这个信息时代，掌握更多信息的公司才会在商场上赢得胜利，我们以下面的案例说明。

2015 年某天，客户张先生到当地供电营业厅为其公司办理增容用电业务。客户代表小林了解到张先生所在的企业正在实施“气改电”工程后，小林立刻将张先生的企业列为当年重点服务对象，通过实施绿色通道，该公司当年售电量增加了 500 万千瓦·时。

（二）提升客户满意度的 ABC 法则

ABC 分析法也称为分析管理法、重点管理法，它是对事物进行系统统计、排列、分类，以找出管理重点的办法。意大利经济学家帕雷特首先在 1906 年使用这种办法。当时，他研究社会财富的分布情况，发现少数人占有大量财富，而大多数人只占有少量财富。这种关键的少数和次要的多数，在经济活动中普遍存在。在电力营销服务工作中，ABC 法则，就是把客户按客户的属性、影响的因素或所占的比重，分为 ABC 三部分，分别按重点、一般、次要等不同程度进行相应管理。例如，供电企业可根据年度用电量情况将客户划分为 ABC 类。即：A 类客户是年度用电量最大的客户，B 类客户是年度用电量中等的客户，C 类客户是年度用电量较低的客户。因为 A 类客户代表重要的少数，对这类客户的服务，供电企业应选择最佳的服务方案，建立最佳的客户服务跟踪，以赢得他们的信任。对 B 类客户，应把跟踪作为服务重点，不时地拜访他们,听取他们的意见加以改进。C 类客户，对电力客户而言，就是指居民客户，一般户数多，用电量少，但往往这类客户是投诉的主要人群，所以，管理和服务在按部就班的同时，应多加关注。

提高客户满意度技巧：对 A 类客户，可两周拜访一次，每次 60 分钟。对 B 类客户，可一个月拜访一次，每次 30 分钟。对 C 类客户，可两个月拜访一次，每次 20 分钟。

（三）提升电力客户满意度的五个步骤

1. 了解客户

电力客户群体是各种各样、形形色色的，他们在身份、爱好，以及性格等方面往往存在较大差异。为了确保客户对电力服务的满意，第一步要从了解客户开始。例如：对待急性子客户应提供快捷的服务，对精明的客户要有耐心，对沉默型客户要善于诱导或者通过察言观色了解需求，对喋喋不休的客户要耐心倾听，并掌握主动权，尽早转入正题等。同时，通过收集客户资料及各类信息，关注他们的需求，以便针对不同的客户采取灵活多样的差异化服务。

2. 与之沟通

供电企业要想提高客户满意度，沟通是极其重要的一环。有效的沟通是满足客户各种需求、与客户建立良好关系的手段，而具备全面的沟通技巧是通向有效沟通的桥梁。电力营销服务人员应在一次次接待客户中，理解客户、打动客户、满足客户，最好是留住客户的心，使客户不断地信任并忠诚于供电企业。

3. 树立形象

电力营销服务人员在与客户沟通的同时，还应在客户面前树立良好的形象，只有这样才能够真正地赢得客户满意。广义上理解，供电企业的良好形象表现在提供优质的电能、灵活的服务方式、良好的服务态度和必要的服务设施。

4. 满足期望

客户之所以满意，一般是因为产品和服务能够达到或超过他们的期望。当供电企业的服务不能满足客户的某些期望值时，一定要说明理由，然后要表示对客户的期望值的理解，最后告诉客户为什么现在不能满足，继而达成协议，确定客户能够接受的方案，以降低客户的期望值。

5. 跟进实施

通过打电话、实地拜访、发电子邮件或写纸质信件的方式，调查客户对服务中的意见，然后将客户的期望值与实际反馈进行比较，为提高客户满意度打好基础。

四、案例解析

【案例 1-3】

某天，某客户打某供电所营业厅电话问："我现在去交费可以吗？"营业厅服务人员回答："今天太晚了，我们马上要下班了。"客户对营业厅服务人员的回答不满意，就该营业厅服务时间问题向 95598 供电服务热线进行了投诉。

【案例解析】

虽然已临近下班，作为营业服务人员，应用委婉的方式说明，或者继续办理，方可下班。

【处理方法】

上述案例反映出该营业厅服务人员措辞生硬。假如她用另外一种话术应对，就不会遭到投诉。比如："先生，对不起，我们马上就要下班了，你大老远过来太不方便了，您可以明天来吗？我们从早上 8 点钟到晚上 6 点钟都可以收费，您看可以吗？"

【借鉴案例】

市民李小姐不小心把使用多年的海尔冰箱抽屉给弄坏了，李小姐打电话过去，当时已是下班时间，但海尔维修人员接到报修后，不到二十分钟，就赶到了李小姐的新家。他一边出示工作证件，一边穿着鞋套走进了李小姐的家门，然后，他拿出专用的测电仪对李小姐家的用电环境进行了检测，对其他海尔电器也作了全面的检查。不到半小时维修人员就排除了故障，后来，维修人员还告诉李小姐操作方法和使用注意事项，并说有需要时请与 4006999999 联系，海尔公司售后服务人员会随时上门服务。

【案例 1-4】

某天，某客户在某供电营业厅办理业务时，业务受理人员要求客户出示身份证，客户皱着眉头说：“为什么还要出示身份证，我是你们的老客户了。”业务受理人员回答：“这是我们供电公司的规定。”

【案例解析】

上述案例反映出该公司业务受理人员缺乏语言沟通技巧，灵活性明显不足。

【处理方法】

要站在对方立场考虑此事。例如这样说：“您是我们的老客户了，我们这样做正是为了保护您的权益，防止您的个人信息被盗用，请谅解！谢谢！”

【借鉴案例】

一位名叫赫兹的商人，当他开始从事机场的汽车服务时，他将注意力放在培训司机为客户服务方面。例如，怎样帮客户搬运行李？怎样准确报站？司机们也做得很好。可是，赫兹没有意识到客户的一个最主要的需求，对客户来说，最主要的是两班车之间间隔时间要短。这一服务上的缺陷引起了不少客户的抱怨。尽管事实上客户的平均等车时间仅为 7～10 分钟。当赫兹意识到这个问题后，他投入巨款购买了汽车，并雇用司机，并把两班车之间的标准间隔时间定为最长 5 分钟，有时两班车之间的时间间隔仅 2～3 分钟，这项服务最终得到了客户的满意评价。赫兹公司另一项业务是租车给乘飞机来该市的客户，等他们乘飞机离开时再将车还回公司。由于租车的客户中大多数是商人，对商人来说，最重要的是速度。尽管租车时的服务速度很快，但办理还车手续时速度太慢，客户没有时间在柜台前等着还车。为此赫兹想了一个办法，当客户将车开到公司的停车场时，服务人员就将汽车上的号码（车的挡风玻璃上设有车的编号牌）输入到计算机，这些计算机与主机相连，等到客户到柜台前时，服务人员就能叫出其姓名，整个手续只需要再问两个问题：里程数与是否加过油，然后就能把票据打印出来。这样一来，原来需要 10 分钟的服务时间缩短到只需 1 分钟，客户十分满意，从此之后，赫兹公司的生意十分兴隆。

第三节　电力客户期望值管理

客户期望值管理是每一家企业都必须面对的。那么，什么是客户期望值？客户期望值就是指客户对提供何种商品及服务的心理预期。一般情况下，客户付出的成本越高，期望值也就越高。做好期望值管理的一个关键因素就是要给客户一个合理的期望，让企业与客户朝一个方向努力，把双方期望的鸿沟缩小，达到双赢的目的。如果企业为客户设定的期望值与客户所要求的期望值之间差距太大，企业即使运用再多的技巧，客户也不会接受。当客户的期望值得到满足时，客户的满意度就会升高。影响客户期望值的因素包括口碑、品牌推广、客户价值观、客户年龄与公司的体验等。

一、标准执行管理

供电企业在实际操作过程中，应严格遵守制定的服务内容和标准，对客户的承诺一定要做到，否则只会适得其反，大大降低客户的满意度。《国家电网公司供电服务质量标准》是对供电企业所提供的服务活动和结果的规定，它是供电企业提供满足客户用电需求的一个指导性标准。该标准规定了电网经营企业和供电企业在电力供应经营活动中，为客户提供供电服务时应达到的质量标准。例如，居民客户收费办理时间一般每件不超过 5 分钟，用电业务办理时间一般每件不超过 20 分钟。95598 服务热线应 24 小时保持畅通。95598 客服代表应在振铃 3 声（12 秒）内接听，使用标准欢迎语。外呼时应首先问候，自我介绍，确认客户身份。一般情况下，不得先于客户挂断电话，结束通话应使用标准结束语。电子渠道应 24 小时受理客户需求，如需人工确认的，电子客服代表要在 1 个工作日内与客户确认。进入客户现场时，服务人员应统一着装、佩戴工号牌（工作牌），并主动表明身份、出示证件。协作人员应统一着装等。

二、电力营销服务人员管理

品质、技能和纪律是文明服务的基础规范，是对客户服务人员职业道德提出的总体要求，也是落实文明服务行为规范必须具备的综合素质。对电力营销服务人员来说，服务标准及考核后期的监督管理等都直接影响客户期望值。例如，客户抱怨电话难以接通，客户的期望值就会快速、简单地接入。这时，电力营销服务人员若不能及时有效地将诉求转换为期望值，客户的满意度就会降低。

某天，某居民客户家里突然停电，于是，她拨打了某供电所于某的电话，可是她拨打了数次，于某的电话一直处于无法接通状态，于是，该客户直接拨打了95598供电服务热线进行投诉。该客户就是在电话难以接入时，期望值没有得到及时满足，引发了投诉。

三、满足客户期望值

（一）客户期望值类型

1. 与供电和服务有关的期望

就供电企业而言，产品就是电能，与电能相关的期望是客户最基本的期望。如果产品和服务能达到甚至超过客户的期望，那么客户就会满意。在供电和服务方面影响客户期望值的因素主要有供电质量是否稳定、供电是否安全经济、电价是否合理、故障抢修是否快捷等。

2. 与客户服务有关的期望

与客户服务有关的期望包括客户对服务人员知识和技能的要求。客户希望电力营销服务人员态度好，最好能表现出对其认同。如果客户感觉自己没有得到认同、尊重和重视，即使电力营销服务人员的知识和技能再好，客户也会表示出不满意，最终达不到客户期望值。

（二）客户期望值表现

客户的期望值往往表现为基本服务期望、满足服务期望，以及超值服务期望。

1. 基本服务期望

基本服务期望是客户认为供电企业至少应该提供的基本服务，是客户认为理所当然应该得到的服务。客户的基本服务期望得到了很好的满足，并不会给他带来很高的满意度。但是，如果没有满足客户的基本服务期望，其满意度就会急剧下降，甚至会立即否认供电企业的整体服务。

2. 满足服务期望

满足服务期望是客户对供电企业提供额外服务的要求，是供电企业提供的一些具有自身服务特色的服务内容。满足服务期望介于基本服务期望和超值服务期望之间。客户对供电企业的满足期待主要取决于服务宣传资料，当客户的满足服务期望没有得到较好满足时，客户往往会表现出明显的不满情绪。

3. 超值服务期望

超值服务期望是客户得到额外收获，获得额外服务的过程。客户对于超值服务的预期水平较低，或者根本没有预期，其情况与基本服务期望恰好相反。当为客户提供惊喜服务时，一般客户都会很满意。如果服务质量较好，客户满意度就会得到很大提升，即使服务质量不尽如人意，客户也不会产生反感情绪。

（三）设定客户期望值

设定客户期望值就是要告诉客户，哪些是他可以得到的，哪些是他根本无法得到的。最终目的就是为了能够跟客户达成协议，这个协议应该建立在双赢的基础上。

如果为客户设定的期望值与客户所要求的期望值之间差距太大，即使运用再多的技巧，客户也不会接受，因为客户的期望值对客户自身来说是最重要的。因此，如果电力营销服务人员能有效地设定对客户来说最为重要的期望值，告诉客户什么是他可以得到的，什么是他根本不可能得到的，那么最终协议的达成就要容易得多，方法如下。

1. 通过提问了解客户的期望值

通过提问可以了解大量的客户信息，帮助电力营销服务人员准确地掌握最为重要的期望值。

2. 对客户的期望值进行有效地排序

电力营销服务人员应该帮助客户认清哪些是最重要的。当然，人与人之间的期望值是不一样的，这对于电力营销服务人员也是一个挑战。

一位客户反映电价高，对客户而言，他们希望将电费降至最低。面对这种期望，供电企业肯定无法满足。那么，电力营销服务人员可以这样告诉客户：1 千瓦时电从电厂送出来，要经过高压线路的传输、电力调度的全线监控，成本加起来非常高，现在的电价企业基本没有什么利润。可是，这 1 千瓦时电能让 3 瓦的节能灯亮 36 小时，能让冰箱运行一天，能让电视开 10 小时。这样合理调控客户的期望值，就能使客户接受电力营销服务人员的观点。

（四）满足客户期望值方法

1. 询问法

询问法是指电力营销服务人员向客户提出一些问题让其回答，再结合客户提供的答案理解客户期望。询问客户要结合客户的特点及服务的特点，不能漫无目的地随意进行。

首先，结合客户特点，向客户提出一些他们感兴趣且非常容易回答的问题。例如，如果是年轻人来缴纳电费，那么他可能对 APP、网上缴费感兴趣。此时，电力营销服务人员可以向他们推荐足不出户、随时随地缴纳等特点的缴费方式。而如果是老年人来缴纳电费，收费人员可以向其推荐银行代扣、银行代收等安全保守的新型缴费方式。其次，根据供电的特点与服务的重点向客户提问，这样可以直接把客户引向服务特点的介绍上。例如，网上缴费功能特别便捷，可以询问客户是否喜欢上网？这样，电力营销服务人员可以通过与客户面对面询问沟通的方式了解客户的期望。

2. 调查法

调查法是指采用向客户发放问卷的方式进行调查，适用于分析和了解一些普遍的客户服务期望的方法。调查问卷的内容可以是开放式的问题，由客户自由填写，也可以是封闭式的问题和答案，由客户从若干备选答案中选择一个或几个。通过调查问卷的收集、整理和分析，了解客户的普遍期望。

3. 观察法

观察法是在与客户的频繁接触中，通过直接观察客户的外在表现和行文举止，迅速判断客户的大体需求，从而进一步为与客户沟通和提供服务奠定基础。在实际观察过程中，电力营销服务人员需要重点关注客户的外观。

电力营销服务人员可以通过观察客户的年龄，初步判断客户的需求。同时，通过观察客户的着装、发型、首饰等方面的特点，判断客户的职业、收入水平、文化特点和消费习惯等信息。例如，一位着正装且西服和衬衣都很整洁的男士来交电费，表明他可能是政府人员或企业员工，那么他的需求则可能更关注服务环境的品质和档次。而如果是一位年轻的客户，他穿着流行的服装，戴着很多饰品，则表明他是一位时尚的青年，可能更关注服务方式的新潮和时尚。如果是一位中年妇女，那么她可能是一位家庭主妇，她可能更多关注的是电价和服务。因此，电力营销服务人员应通过观察客户外观，推断客户的性格、需求，以寻求其喜欢的沟通方式，并为其提供期望的服务，不断提高优质服务的能力。

（五）让客户放弃期望值方法

当客户的某些要求完全无法满足时，作为电力营销服务人员，让客户放弃期望值应这样告诉客户：我们能给你提供的使你比较满足的期望值，对于你而言实际上是真正重要的，而我不能够满足的那些期望值，对你而言，实质上是不重要的，这样客户才有可能会放弃其他的期望值。

但有一点必须注意，当不能满足客户的期望值时，一定要说明理由，并对客户的期望值表示理解，方法如下。

1. 说明原因

例如："对不起，今天晚上您的电能表无法校验了。您看我们已经下班，校验员已经走了。所以，请您明天再来好吗？"

2. 对客户的期望值表示理解

例如："我知道您很着急，我也想帮您校验。"

3. 提出更多的解决方案供客户选择

例如："您看这样好不好，明天您拿过来，我们一定尽快帮您校验好。"

总之，不能满足客户期望值时，应首先承认客户期望值的合理性，然后告诉客户为什么现在不能满足。

（六）让客户期望值满足的方法

1. 确定客户接受的解决方案

达成协议就意味着客户确定接受解决方案。当电力营销服务人员提出一种方案询问客户时，就叫做确定客户接受的解决方案。

2. 达成的协议并不意味着是最终方案

有的时候达成协议并不意味着就是最终的方案。很多时候，电力营销服务人员所做的是一些搁置问题的工作，即当问题很难解决时，只能先放在一边。例如，确实无法满足客户的要求或者在电力营销服务人员的能力范围之内无法解决时，电力营销服务人员只能向客户表示："我很愿意帮助您，但是我的权力有限，我会把您的信息传达到相关部门，然后他们会尽快给您一个答复，您看行吗？"此时，这个服务过程就结束了。因此当时达成的协议并不意味着就是最终解决方案。

3. 达成协议的方法

首先电力营销服务人员需要建议一个承诺。例如，“您看这样可以吗？您能接受吗？”建议一个承诺出来，如果客户同意就可以。如果客户不同意，就搁置一个需求，即把这个问题放到以后去做。但最终的目的还是要获得客户的一个承诺，就是客户同意按照所商定的方式解决问题。只有这样，电力营销服务人员帮助客户的阶段才可以结束。

四、案例解析

【案例 1-5】

某日，某焦煤企业向当地供电公司申请容量 500 千伏安的用电。供电服务人员到现场了解客户用电负荷后，根据现场负荷情况，确定了 T 接专变的供电方案。可是，客户要求该供电公司必须专线供电。供电服务人员告诉客户，他申请的容量达不到专线供电的范围，供电公司没有办法满足该客户的要求。客户不相信，随后他拨打了当地服务热线。

【案例解析】

上述案例，客户的期望值比较高，希望申请的供电方式是专线供电。但是，供电服务人员按照业扩导则等相关规定，确定客户用电容量 500 千伏安不在专线供电的范围内。但是，供电服务人员只是根据实际情况生硬地据实相告，造成了客户心理落差大，因不满而投诉。

【处理方法】

（1）说明原因。例如这样回答：“对不起，您提出的要求，我们无法满足。您看，您申请的容量只有 500 千伏安，我们现场勘查后，确定您企业的用电负荷不大，所以专变供电是最佳方案。”

（2）对客户的期望值表示理解。例如：“我知道您希望用电更有保障。”

（3）降低客户期望值。例如：“不过，您看使用专变供电是最佳方案，一来，您的投资少，可节省不少费用。二来，用电也有保障。”

【借鉴案例】

美国有一家百货公司，名字叫诺斯通。这家百货公司的营业员人均收入是同行业营业员的 7 倍以上，而且收入还在不断上升。为什么诺斯通能够做得这么好？原因就一条，诺斯通公司鼓励所有一线员工为顾客提供超过顾客期望的特殊服务。

该公司的管理制度出奇的简单，只有一句话：“在任何时候，请发挥自己最佳的判断力。”就这么一句话，为所有一线员工为顾客提供超值服务留下了巨大空间。

有一天，一位顾客准备到西雅图机场乘飞机，不小心把机票落在了诺斯通女士服饰部的柜台上。一发现这张机票，诺斯通售货员立马就给机场打电话，请机场员工帮忙找到这位顾客，并为这位顾客重办一张机票，但是机场员工不同意。因此该售货员立即拦了一辆出租车，到机场后找到了这位顾客，并把票给了他。

还有一个例子，有一位男士给诺斯通写了一封信，说他在诺斯通买了一套衣服，但是很不合适，希望诺斯通帮忙解决一下。卖那套西服的售货员知道后，马上请了一位专业的裁缝一起来到这位顾客的办公室，仔细为顾客量好尺寸，3 天后，她们给顾客送来了一套崭新的衣服，而这一切全部是免费的。

上面这两个例子，表面上看诺斯通的员工在做亏本的事，然而正是因为这种行为大大超越了客户的期望，最终赢得了客户的信赖和忠诚。

第二章

电力营销人员服务

第一节　电力各专业客户服务

所有的服务活动都要通过一定的方式表现出来，不讲方式的服务活动，其效果往往会大打折扣。甚至可以断言，所有成功的商务活动无不体现出高超的方式方法。方法是一种服务的艺术，而不是一种管理模式。服务客户时，方法并不是一成不变的，它会随着地点、时间、客户群体的不同而不断发生变化。与其说方法属于管理范畴，还不如说它是一门创造客户价值的艺术。

电力营销专业千差万别，不同专业的服务方法往往有所差异。

一、不同专业服务

（一）咨询业务

电力客户咨询的热点一般包括电价电费、停电信息、电力法律法规、办事流程、电力专业知识等。所以，电力营销服务人员必须拥有全面的电力知识才能做好各类业务咨询工作。对于一般的、合理的咨询，电力营销服务人员应能够当场给予客户满意的答复。但是有时也会面临很多情况，例如纠缠、挖苦责骂等。应对这样的客户咨询时，需要采用一定的沟通方式。

1. 倾听把握

电力营销服务人员要时刻保持冷静。通常情况下，客户不是对电力营销服务人员本人有异议，而是对供电企业的服务没有达到他心中的期望值而有意见。正因为如此，电力营销服务人员应控制自己的情绪，认真倾听客户的问题，准确地掌握客户咨询的重点问题。

2. 交流引导

如果客户叙述问题时表达不清或没有头绪，服务人员如感到有疑问，可以直接提问：“您的意思是……”或者“我可否将您的意思理解为……”也可以用自己的话复述给对方，在正确理解客户意图的同时，让客户感受到你的耐心和倾听。

3. 解释拒绝

当客户提出了过分的要求或者无法提供客户所需要的服务时，电力营销服务人员必须说清道理，用委婉的语气拒绝。如果客户一直坚持某种无理的要求，这时不必回避，向客户解释原因，表明供电企业应尽的义务和不应承担的责任。

4. 精通专业

电力营销服务人员要不断学习业务知识才能够准确、快速回答客户提出的各类问题。用肯定的语气回答问题，避免模棱两可，让客户感到你的回答是准确的、权威的，减少客户的质疑，缩短通话时间。

5. 细致谨慎

针对不同客户群体，应采取不同的说话方式和服务方法。例如，有的客户对电力专业知识精通，有的客户可能非常熟悉供电企业的工作流程，有的客户清楚服务规范。客服中心受理最多的咨询业务一般是营业收费问题，客户对收费问题往往比较敏感，一些客户对账目明细要求非常高，对于这类客户的答复一定要细致谨慎，让客户明明白白地消费。

（二）抢修业务

电力客户服务中，最紧急的工作任务是电力故障抢修。电力抢修人员数量是有限的，而广大电力客户是无限的。怎样以“有限”应对“无限”？作为对外服务窗口，电力营销抢修服务人员应快速、准确地判断和处理抢修业务。

1. 客户内部故障处理

所谓内部故障，是指客户自行维护范围内出现的故障。产权界定明确了客户与电力部门的管辖区域，一般情况下，表计出线开关到客户家中线路是属客户自行维护的范围。对于已经判断为客户内部故障的（如出线开关烧坏、内部短路等），一般建议客户找有资质的电工处理，而多数电力客户对内部故障这一概念并不很清楚，比较难解释，此时客服人员要有足够的耐心，简单明确地跟客户解释清楚产权分界原则，委婉地引导客户自行处理。

2. 户表问题受理

客户表计故障问题相对较多，这类问题较难与客户内部问题区分。作为电力营销服务人员，应引导客户准确描述现场情况。例如，电表类型、电表显示、电表进线是否有电，以便于客户快速准确判断故障类别。当客户不愿描述时，电力营销服务人员应提示客户，需要其积极配合才能够最终解决问题，为上门服务的抢修人员提供方便。

3. 设备和线路故障处理

遇到设备和线路故障造成的停电，客户一般都较为激动，部分客户还通过拨打 110 或 119 电话报警。此时，电力营销服务人员要保持头脑清醒，稳定客户情绪，引导客户将情况说清楚，并提示客户注意安全，做好详细记录。对于较严重的故障，应告诉客户处理的难度，让客户有心理准备，有可能会较长时间停电，避免客户再次报修或投诉。

（三）举报业务

举报包括窃电举报和行风行纪两类。对举报业务的受理，既要做到实事求是、落实到位，又要维护企业利益。对于超出企业服务或责权范围的客户举报，电力营销业务受理服务人员应根据相关法律法规和文件，向客户表明立场，避免虚假举报造成内部资源浪费和乱举报引起的不必要纠纷。期间，与客户的沟通以及安抚客户的情绪尤为关键。

1. 感谢客户

越来越多的客户已经懂得拿起法律武器来维护供用电秩序以及自己的合法权益。无论客户反映的问题责权在企业还是超越企业所辖范围，作为电力营销服务人员都应表示感谢，因为客户希望他们的问题能够得到重视。电力营销服务人员如果表现出感谢与尊重，自然就能拉近与客户之间的距离。

2. 换位思考

当客户举报问题超出企业的受理范围时，电力营销服务人员必须表明立场，面对客户的责怪、愤怒，以及种种不理解，电力营销服务人员应换位思考。如果我是客户会怎样？客户之所以情绪失控是因为站在他的立场据理力争。此时应让对方感受到客服人员真诚的关心和理解，才能妥善解决问题。

3. 合理建议

针对个别客户的纠缠，在掌握客户意图的基础上，适当给予客户合理建议。建议其采取其他方式解决问题，此时切忌缺乏耐心、急于打发客户，一定要让客户理解不受理的原因。

（四）投诉业务

在处理投诉客户的业务时，棘手的既不是客户所叙述的事情复杂，也不是客户所提出的要求，而是客户流露出的激动不满的情绪，不满情绪往往成为电力营销服务人员与客户沟通的一道屏障，使工作变得被动，对于不满情绪可以采取以下措施处理。

1. 用声音感化客户

语音服务的语气、语调、语速很重要。很多时候，客户要投诉的对象并不是电力营销服务人员本身。客户在激动不满时音调往往很高、语速很快，此时电力营销服务人员应保持良好心态，用平稳、柔和的声音去缓解客户的情绪。虽然在通话中，客户看不见服务人员的表情，但他能从听筒中感受到服务人员的态度，等客户情绪稳定后再进行良好的沟通，才能妥善地解决问题。

2. 抓住事件的关键

客户打电话进来，是为了解决问题，而不是制造问题。电力营销服务人员应快速掌握客户反映问题的关键，避免与客户纠缠。问题清晰后，形成投诉工单，要求责任单位尽快处理。投诉事件若处理得当，客户往往会满意而归，最后甚至还会由衷地感谢企业。

二、不同客户服务分类

由于供电企业拥有广大的客户群，对不同客户群的服务方式直接影响着客户服务的效果。围绕电能核心产品，电力服务过程中包含各种流程，按照服务方式可分为四大类。

（一）一般服务和个别服务

从服务的层次上来看，电力服务可分为一般服务和个别服务。

1. 一般服务

一般服务包括心理语言服务、口头语言交流和形体语言交流。这里的“语言”，除了口语之外，还指通过某种行为或外在的形象，使客户接收到的一种特殊的、广义的语言信息。

（1）心理语言。受客户信赖的工作人员在与客户相处时，往往具备设身处地体会他人心境的能力。一项服务的成败，往往取决于服务人员是否将其成功的意愿与客户的愿望能够达成一致。为了使供电企业在客户心目中有良好的形象，就应使客户有被尊重的感觉，以及与客户交谈时的潜意识，同时还包括精神上的成功准备。

1）交谈时的潜意识。可以将人的大脑看作非常复杂、交错思考处理事情的机器。研究表明：只有 10%的行为有意识地出自于人的大脑，其他 90%的行为出自于潜意识，也就是人在下意识状态下的身体信号。例如脸部表情、手势动作等。所以，与客户交谈时，心理上与客户的潜意识应结合在一起，即必须注意与客户之间心理上的相互回应。

2）精神上的准备。权威学者弗里茨·斯泰姆教授证实，人的大脑和身体在开始一个特定行为前，对行动的过程其实已经做好了准备。人们可以将整个状况像在脑海里演电影一样，先体验和演练，并就自己想要的成果做好准备。

如何在精神上做好准备？

1. 定期训练自己，想象服务过程中的每一个细节，这一想象力必须让你体验到紧急的情况。

2. 在面对客户前，先测试自己的观感，自我感觉这种观感是比较正面的还是比较负面的，使自己进入一个正面的情绪中。比如，你在拜访一位难缠的客户前，可以通过听自己喜欢的录音带，通过使用这种方法把自己带入正面的情绪中。同时，避免想一些令人生气的事情，因为这对你即将进入服务会有不良的影响。

（2）口头语言。

1）面对面交流。在进行服务的过程中，电力营销服务人员应尽量使用规范的文明用语。不能说“我不知道”“这不是我的事”等直接推辞用语。

公主油轮公司是P&O集团旗下的公司，其业务遍及世界各国的油轮度假区，它的价格非常昂贵。可为什么仍然有越来越多的人选择这种价格不菲的度假方式呢？究其原因，服务人员的态度对客户的想法和将来的选择具有非常重要的作用。公主油轮公司的服务标准有10条，其中第5条内容是：不论在工作还是平时，我们都是公司的形象代表，我们的言辞一直保持得体。第十条：我们从不说“不知道”，我们会说“我很乐意为您查一查。”

口头语言：在向客户解释问题时，应避免使用本行业的专业术语，即不要苛求客户精通电力的专业知识。比如，当有客户询问电价情况时，针对两部制电价，绝不能回答两部制电价就是基本电价和电度电价，而应说，一部分是您们变压器消耗的费用，另一部分是您们实际使用的电能数。

2）非对面交流。在电话里，所有的信息都是通过语调来完成。所以电话交流中对话的语调也特别重要。同样的话，语调不同，往往会产生截然不同的效果。一般客户在片刻间就能判断出服务人员的态度如何，他能在 10 秒中之内知道他是在与友善还是不友善的人交谈。不管使用什么词汇，服务人员的语调总会透露出自己的思想和情绪。

生活中，常常会有这样的体验，尽管对方用词很讲究，但是你依然觉得被对方拒于千里之外。比如，常听到客户信息中心部门的客户代表每天重复的话语："您好，这是……"语调机械，没有变化，声音听起来像是自言自语。可是，作为电力营销服务人员，你每天要说一百次，可对每一位客户来说，他都是第一次听到。因此，接第一个电话的语调和接最后一个电话的语调同等重要。同一句话措辞不同，效果往往大相径庭。例如：您希望我们怎么做？您有什么更好的建议？这两句话，对方听起来感觉就不一样。

电话应答：

1）打电话时微笑，微笑有助于使声音听起来友好、热情和令人容易接受。

2）铃响 3 声内接听。无人应答是所有令人不愉快的开始。

3）问候打电话的人，立即表现出您对对方的友好和坦诚，介绍您自己或者公司名称，让对方知道他找对了人或部门。

4）询问客户是否需要帮助，显示出你随时准备并且能够帮助客户。

（3）形体语言。形体语言是一种持久的、非言语的思想交流。当和客户面对时，绝大多数信息来自形体语言，甚至你还未意识到时，形体语言就已经泄露了你的情绪和思想。

形体语言包括个人形体语言和企业形体语言。

1）个人形体语言。罗杰卡·特怀特曾指出，在面对面交谈的情况下，无论人们说什么或写什么，都有一套简单的办法查明对方的心情，这个办法就是观察他们的身体语言。员工可以通过观察客户的身体语言发现客户的情况，客户也可以用此办法确认员工对谈话是否有兴趣。当然，由于各国的文化习惯不同，身体语言所含的信息也不尽相同。作为个人，讲究仪表，统一着装，不仅能够体现出良好的精神面貌，还能给客户以朴素自然、健康向上的美感，以及心理上的安全感和舒适感。

形体语言：笑脸相迎、主动配合、耐心服务、热情相送。

形体语言训练方法

选择适当的衣着。个人的修饰对客户形成的印象有很大影响。假如手指污黑、头发蓬乱，就会给人衣冠不整的负面形象。电力营销服务人员应统一着装，给人以整齐、正规、有秩序的感觉。

训练多微笑。微笑是不用翻译的世界语言，它传递着亲切、友好、愉悦。所以，多训练微笑非常重要。微笑训练的方法：

第一个阶段，放松嘴唇肌肉，从低音哆开始，到高音哆，一个音节一个音节地发音。

第二个阶段，锻炼嘴唇周围的肌肉，张大嘴，感受颚骨受刺激的程度，并保持这种状态 10 秒。然后闭上嘴，拉紧两侧的嘴角，使嘴唇在水平上紧张起来，并保持 10 秒。接着，再聚拢嘴唇，出现圆圆的卷起来的嘴唇在一起的感觉，保持 10 秒。然后再用门牙轻轻地咬住木筷子，把嘴角对准木筷子，两边都要翘起来，并使连接嘴唇两端的线与木筷子在同一水平线上，保持 10 秒。

第三个阶段，形成微笑。把嘴唇两端一齐往上提，给上嘴唇拉上去的紧张感，稍微露出 2 颗门牙，保持 10 秒钟，这是形成小微笑。对于普通微笑，慢慢使肌肉紧张起来，把嘴角两端一齐往上提，给上嘴角拉上去的紧张感，露出 6 颗左右上门牙，眼睛也笑一点。对于大微笑，一边拉紧肌肉，使之强烈地紧张起来，一边把嘴角两端一齐往上提，露出 10 颗左右上门牙，也稍微露出下门牙，保持 10 秒钟后，恢复原来的状态并放松。

第四个阶段，保持微笑。一旦寻找到满意的微笑，就要进行至少维持那个表情30秒的训练。

第五个阶段，修正微笑。对于两侧嘴角不能一齐上升的，要利用木筷进行训练。如果笑的时候露出牙龈，可以通过嘴唇肌肉训练弥补缺点。比如：以各种形状尽情地试着笑，在其中挑选最满意的笑容，然后确认能看见多少牙龈，大概看见2厘米以内的牙龈，就很好看，然后照着镜子，反复练习满意的微笑。

第六个阶段，修饰有魅力的微笑。伸直背部和胸部，用正确的姿势在镜子前面边敞开笑边修饰自己的微笑。

第七个阶段，训练微笑与眼神。这时，可以自制一个靶环牌，挂在墙上或门上，身体距它2至3米，目光先投向靶的外环，然后逐渐向内环移动，最后把目光集中在靶心圆点上（圆点不宜画得太大）。这时目光是集中的，眼睛是明亮有神的，强化训练20分钟。注意，眼神的训练方法应有选择地进行，训练时若感到疲劳，可将目光转移或闭目休息片刻。坚持练习便会使目光敏锐、炯炯有神。

表现出亲和力。服务中的亲和力是由礼貌程度加上耐心程度，以及良好的沟通能力组成。表现在心态、语音和熟练规范地应答上。在心态训练时，要用积极的心理暗示自己。比如，我是一名专业的电力营销服务人员，我不只是在工作，我在帮助我们的客户，而帮助别人就是帮助我自己。通过这种暗示使自己保持良好的心态。其次，热情、吐字清楚和用词恰当，提高语音技巧。比如，可以采用绕口令来进行训练。

绕口令：你会炖炖冻豆腐，你来炖我的炖冻豆腐；你不会炖炖冻豆腐，别胡炖乱炖炖坏了我的炖冻豆腐。或者，老罗拉了一车梨，老李拉了一车栗。老罗人称大力罗，老李人称李大力。老罗拉梨做梨酒，老李拉栗去换梨。或者，有个面铺门朝南，门上挂着蓝布棉门帘，摘了蓝布棉门帘，面铺门朝南；

挂上蓝布棉门帘，面铺还是门朝南。

亲和力要求富有变化地表达情感，可采用诗歌朗诵练习。最后，运用好基本礼貌用语。礼貌用语是日常表达时修养的体现，也是电力营销服务人员服务是否专业的体现。在服务的过程中使用礼貌用语，会给客户留下良好的印象。比如用“您好”代替“你好”。说话时“请”开头的，必须用“谢”字结尾等。训练、模拟：

开场白：××先生/女士，您好，很高兴为您服务。

电话接通，对方无人接听时，微笑重复，××先生/女士，您好，请讲。如果仍听不到回应，很抱歉，听不到您的声音，请稍候再拨（讲完等待3秒后挂断）。

对于投诉，您的心情我完全能够理解/遇到这种情况会着急/您不要着急/您不要生气/我们一定会尽快为您处理。

保持目光接触。目光交流是所有形体语言中最强有力的，也被称为“关注技术”。当客户向你走来，不论你有多忙，都应立即抬起头看着客户的整个脸，进行目光接触。当谈话时，客户代表应偶尔把目光移开，以免给人盯视的印象。反之，则让客户感到你没有兴趣帮助客户。

保持目光接触的方法有点头、面对客户身体前倾。

要特别注意身体姿势，上身的移动常常会显示出一个人的经历水平，以及你对客户谈话是否感兴趣。通过观察一些简单的形体语言，客户就能辨别出客户代表是否是听得不耐烦而想结束谈话。例如，身体向后仰或身体向后退，把身体移开，双手扶桌，身体后移，整理文件，客户仍在谈话，客服代表却合上文件夹，站起身欲离开；不断地看表，这些行为都会使客户认为客服代表已经不耐烦了。

2）企业形体语言。工作环境的整洁、舒适既能保证电力营销服务人员工作时有充沛的精力，又能创造良好的业务办理环境，还能给客户留下良好的第一印象。同时，客户通过办公桌或工作现场的秩序，就能判断出客服代表服务工作的条理性及工作能力。有的部门传达的信息是张来开臂欢迎，有的则是拒人于千里之外。例如，没有供客户使用的停车场；客户来时发现门是锁着的却没有任何解释；接待处没有人，或者有人，但不理睬客户，或者看到客户来时走开了；接待处有人，但他们之间在说笑，对客户没有迎接的意思；客户在排队，但只有一个人或少数人在服务，其他人在做自己的事情；客户在录音电话里留言，但没有人接电话。

企业形体语言另一个非常重要的方面是十分消极的语言交流，在一些极端负面化的警告标示中体现得最明显。例如，禁止倚靠柜台，不收信用卡，不收支票，概不退款，损坏商品者按价赔偿，不准携带包裹入内，禁止触摸，禁止移动椅子，营业场所不准吃零食，禁止拍照，不得携带小孩入内等。

企业形体语言改善方法：在警告标示中加“请”字。例如，为了安全起见，请您寄存您的皮包；此地危险，不宜儿童进入，等等。

企业的形体语言体现了一个企业到底怎样看待客户。一些非常细小的事情，往往能从另外一个侧面反映出企业对待客户的态度。

企业形体语言的另一个方面是，企业进行语言和书面的非面对面交流的方式。例如，电话铃响几声必须摘机接听？如果使用录音回复电话或语音信箱，企业答复的时间能有多快？在营业时间之外的电话如何处理和答复？信件的回复有多快？统一回复是否令客户觉得不受重视？

2. 个别服务

个别服务包括了解客户、了解员工、服务标准化建设和信息传递。

（1）了解客户。了解客户主要有以下四个基本步骤。

第一步：了解客户需求。在改进服务之前，首先要了解客户需要什么？比如，客户为什么要和供电公司发生业务往来？供电公司能给客户什么好处？供电公司如何改进服务才能使客户得到更多的好处？对负责市场拓展业务的人员而言，更要注意这方面的问题。

方法：了解客户的姓名和地址；客户产品的详细信息；客户首次使用电能产品的时间；服务记录，包括全部历史资料和服务细节；关于预约服务要求的信息；客户遭遇的任何服务问题和操作失误的记录。

第二步：了解客户市场。分析客户市场的表现，通过分析，找到客户的优势和弱点，这对建立电费回收预警系统非常有帮助。

方法：市场开拓人员了解客户的主要市场是什么？客户的市场是在收缩还是扩大？客户在市场上的地位怎样？

通过了解客户需求、了解市场，并向客户表明如何帮助他达到目标，就可以同客户建立牢固的关系。

第三步：了解客户企业。电力营销服务人员的作用在不断变化，营销人员须以管理客户关系为重点，而不再以寻求短期利润为目的。必须了解客户的所有业务，以客户为中心的服务模式，要求电力营销服务人员更广泛地了解客户业务。客户的业务是什么？其业务需求是什么？客户的运行状况如何？客户成功的因素是什么？怎样帮助客户增加生意？除去现在的产品营销外还存在哪些业务机会？要实现这些业务机会必须对什么人施加影响？等等。对业务的理解，要求电力营销服务人员除掌握基本的营销知识外，还要学会鉴别客户的业务。为客户提供业务支持，重点是为客户提供所有电力需求服务，以确保取得最高客户满意度。

方法：以客户的行业出版物为主要信息来源建立客户的新闻简报档案；建立关于客户的竞争对手的企业和产品文献的档案，并寻找关于其市场的信息；打电话问客户对最近一个月电能使用情况是否满意；通过打电话调查客户未来的用电需求；分析近期服务竞争情况。

第四步：帮助客户改进业务。了解客户的业务目标也同样重要。客户公司大致的方向和目标是什么？他们准备如何取得成功？通过向客户展示服务帮助客户实现目标。

方法：主动安排客户来访，或邀请客户来电力公司访问；之后，制定出具体的行动计划，对客户认为重要的领域提高服务标准。

（2）了解员工。以客户为中心，为客户提供高质量的服务，重要的一点就是把自己放在客户的位置上看自己，同时，让客户坐到你的位置上体验你，主要有以下几个步骤。

第一步：体验客户的感受，做一个角色客串的体验。

方法：假设你是一名客户，给自己公司的客户服务中心或任意一个部门打电话，考察一下电话接听情况，看看自己会遇到什么？对着镜子中的自己问一问，我愿意让有这样一幅表情的人为我服务吗？回忆一下你作为一名客户不愉快的消费经历，想想这些不愉快的经历，也曾经发生在公司的客户身上吗？

第二步：了解员工的工作状态，检查员工是否遵守公司规章制度。检查必要的设施是否齐备并得到适当的管理使用；从电力客户的角度体会供电企业提供的服务流程是否科学合理；检查电力营销服务人员是否具备必要的服务技能；评估电力公司服务竞争力。

方法：选择某一特定办公室或营业网点、某一程序（如咨询电话服务）、一个特定的部门进行暗访。参加这计划的人包括：对此项研究感兴趣的人；受该行为影响的人；实施结果可能影响到的人。时间确定：在一天、一周或一个月内的不同时间。

第三步：给客户安排一个角色，即安排客户反串客户咨询接待人员，通过对号入座的切身体验，使他们了解电力营销服务人员工作的甘苦，以增进对电力一线人员的了解和沟通。

方法：制定并实施客户体验计划。让那些直接与电力营销服务人员发生接触的客户到电力客户服务前台与客户交谈，或者为客户开辟一个可以参观供电企业人员作业的特别观察区，让客户亲眼看到他们闻所未闻的事情，这对客户都是一种全新的体验。

（3）服务标准化建设。供电企业的每一位员工都会对客户服务质量产生影响，因此，服务质量在全公司保持一致是非常重要的，往往一处营业网点的不好表现，就可能影响客户对整个公司的印象。所以，服务规范化建设至关重要。

客户关注的内容一般包括两个方面：一是供电企业为客户提供的服务途径；二是供电企业员工的态度。将员工注意力放在客户身上，方法：①召开客户讨论会，确定客户的需求，并探讨客户对服务质量的看法。②颁布客户服务标准，确保标准的统一。③引入客户服务计划。④实施客户服务计划，确保所有员工理解客户服务的重要性。⑤引进客户满意评估法，衡量各网点的表现。⑥实施客户满意激励方案，奖励取得最高客户满意度的网点。

当前多数供电企业已经建立健全了一整套营销服务管理标准、工作标准和规章制度，通过理顺内部关系，简化内部环节，逐步实现了营销服务工作的标准化、规范化和制度化。为了使制定的标准取得成效，制定的标准应是客户关注的服务标准。比如，标准应该体现在客户认为重要的业务方面。标准包括日常行为，如接听电话或回信等，同时还包括各行业客户特有的要求。标准是可以衡量的，让每一位客户了解标准。鼓励员工超越标准而不只是勉强达到标准。

（4）信息传递。将信息传递到客户手中是提高服务水平的重要步骤。一位客户在获取咨询资料时，肯定期望供电企业能为他量身定制，而并非一定是印制精美、价值不菲的全套资料。很多公司在交流会上现场免费发放资料，其实这样的效果有时候并不明显，甚至造成了大量的浪费。如何确保资料信息的有效传递？具体方法：

1）来访者填写一份文字资料索取单，写明公司、个人或教育的背景资料和担负的主要责任。

2）电力营销服务人员和来访者单独联系，确认其兴趣并咨询更多的信息。

3）电力营销服务人员跟踪来访者，对潜在的客户安排一次约见，以推进他的决策进程。

（二）售前、售中和售后服务

按服务过程划分，即以发生电能交易为分界点，电力营销服务可分为售前服务、售中服务和售后服务。

1. 售前服务

售前服务是指自电力客户具有用电意向到装表接电过程中，供电企业所提供的服务。售前服务主要包括向客户提供用电业务咨询、申请登记、现场勘查、确定供电方案、营业收费、业扩工程设计施工、中间检查、装设计量装置、竣工验收、签订供用电合同、接火送电、建档立卡及业务变更等工作。

售前服务是供电企业客户服务的第一个环节，在这个阶段，虽然电能交易还没有发生，但是事实上各项前期费用的交易已经发生。电力市场趋势已经渐渐明显，电力客户的选择性将越来越强，很多供电企业人员认为，电力客户群是固定不变的，不存在客户流失一说。事实上，一个大客户选择建自备电厂，还是直接从电厂购电对供电企业的售电量影响非常大。居民生活是采用燃气的方式，还是使用电能；是以电能为主，还是以其他的能源为主；尤其当下，售电市场如春笋般的建立，所有这些都说明客户将会有越来越多的自主选择权。所以，无论当下，还是将来，对客户的服务策略将极大地影响客户的选择。由于某种原因客户的用电量下降，无疑都是一种变相的客户流失。

2. 售中服务

售中服务是指供电企业在客户用电过程中为客户所提供的服务，主要包括各类定期服务，如日常营业、电费抄核收、电能表轮换校验等。

在这个环节，一定要避免发生对客户不负责任的言行。

电力企业要提供灵活的服务方式、良好的服务态度和必要的服务设施。灵活的服务方式能为客户提供尽可能多的方便条件，良好的服务态度是指在服务的过程中说话和气，认真解答客户提出的各种问题，向客户讲明注意事项，指导客户用电。必要的服务设施是指服务场所的营业厅门楣、营业厅铭牌、营业厅时间牌、营业厅背景板，供电营业厅入口应配有“营业中”或“休息中”标志牌，营业柜台应配有“暂停服务”标志等。

有的电力营销服务人员认为电力客户是不会流失的，所以对客户不必用心呵护。应明确一个观点，获得一个新客户的成本比保留一个老客户的成本要大得多，尤其是在电力客户的选择方案越来越多的当下。

3. 售后服务

售后服务是指企业在客户用电后，通过开展各种跟踪服务改进客户用电质量的活动，主要包括受理客户投诉、征求客户意见、提供紧急用电服务、质量保证、操作培训等。

随着提高客户满意度逐步成为电力员工的自觉意识，为客户提供售后服务的工作范围已经从原来的维修及处理投诉延伸和扩展至信息与决策的服务、回访、维修零件供应、广泛的质量保证、操作培训等方面。这些售后服务工作可以归纳为支持服务和反馈、赔偿两方面。

售后服务不仅可以直接影响到客户满意度，还可以对产品营销中出现的失误给予补救以达到客户满意。在电能售后消费阶段，影响客户满意度的主要因素包括现场管理的有序性、服务流程的高效率、沟通的有效性。

（1）现场管理的有序性。有序的经营现场给客户留下的印象，是客户判断服务质量的重要依据，包括电力营销服务人员对营业厅的布置、对客户参与服务的管理、对客户相互影响的管理等。

（2）服务流程的高效率。高效率的服务流程可以缩短客户的等候时间，可以精简各服务步骤，能够尽快给客户以决策答复，在服务的标准化、熟练度等方面给客户留下正面印象，最终影响客户满意度。

（3）沟通的有效性。服务中的沟通是双向的，既包括电力营销服务人员主动向客户介绍参与服务的方法和传播服务的可信任特征，也包括客户向服务人员清晰表达自己的要求。因此，要取得有效的沟通，企业不仅要通过服务人员的工作帮助客户积累有关知识，取得客户的配合，合理提高客户对服务过程的控制力，从而提高客户满意度，而且还要帮助客户能够明确提出自身的服务要求，避免客户对消费结果产生不满。

琼斯和斯塔拉塞对施乐公司调查后发现，对服务感到愉悦的客户，比那些单纯感到满意的客户再次光临的机会要高 6 倍。由于在使客户感到愉悦方面花费的成本不可能比使客户满意方面花费的成本高 6 倍，所以使客户感到愉悦的经济优势显而易见。

文中道氏化工公司在全球化浪潮中，始终围绕客户这个中心进行改革，以求得竞争当中的有利地位。其结果是，道氏化工由最早的产品供应商变成了某种意义上的“24 小时不间断的信息供应商”。通过建立信息与沟通系统，不仅可以为客户提供所需要的信息，而且可以反过来了解到客户的真实需求。

（三）集团消费和个人消费

按接电对象，客户分为集团消费和个人消费。

1. 集团消费

集团消费包括大客户服务和中客户服务两种。

（1）大客户服务。大客户泛指企事业单位，一般情况下单位用电量大。这类客户对稳定用电量起着主导和支配的作用。大客户的特点是，单位数量少，但其用电量占供电企业售电量的比重大，大客户维持着电力市场的稳定。这部分客户是供电企业赖以生存和发展的主要支柱。

服务方法：定期拜访并特别地去维系与他们的关系。将客户公司重要活动或纪念日建档，并亲自或以书面方式予以祝贺。经常征求大客户对服务人员的意见，及时调整服务，保证渠道畅通。安排企业高层主管对大客户进行拜访。一名有良好业绩的公司的营销主管每年大约有三分之一的时间是在拜访客户中度过，而大客户正是他们拜访的主要对象。每年组织客户与企业进行座谈，听取客户对供电企业电能质量和服务方面的建议和意见，以及对未来市场的预测，对供电企业下一步的发展计划进行研讨。

（2）中客户服务。中客户是指用电量适中、需求稳定的那部分客户，其单位用电量小于大客户，但数量超过大客户。他们作为电力市场的重点目标，是电力市场的主要增长点，对实现售电量目标至关重要。这一群体包括中小企业主、私营业主、个体经营者等。

服务方法：针对这类客户群，采取的方法是积极扶持用电，培育用电市场新的增长点，在客户流露出用电意向前先期介入，真诚地为他们设计出科学合理的用电方案，根据需求进行量身定做。

2. 个人消费

个人消费是指居民家庭生活用电，一般单位用电量较小，但是客户群较大，服务环节复杂。这类群体一般不具备电力专业知识，缺乏基本的用电常识，管理难度比较大，容易发生用电损耗，也是投诉的高发群体。发达国家的用电市场表明，这一群体的用电量所占的比重远远超过其他各类用电。但在我国现阶段，这一群体一直处于低水平用电状态，从长远看增长潜力很大。对待这个群体应从四个方面进行服务。

服务方法：①一对一服务；②顾问式服务；③实务化演示；④社交化联系。

美国技术协助研究机构调查，只有三分之一的客户因为产品和服务有问题而不满，其余三分之二问题均是因为沟通不良而发生，建立一个社交联系，不间断地了解客户的需求和意见，以便向客户提供更满意的产品和服务。窗口单位服务人员要做客户“可亲、可爱、可信、可交”的朋友，做超出业务之外的朋友。

（四）提高型服务和补救型服务

按服务功效，电力营销服务分为提高型服务和补救型服务。

1. 提高型服务

服务工作是在人与人之间进行的。提高服务人员素质，发挥他们的聪明才智和主动精神对搞好整个服务工作具有决定性的意义。对于供电企业服务窗口，电力营销服务人员是与客户打交道最多的一个部门，电力营销服务人员和客户的沟通代表着企业和品牌的声音。营销大师科特勒认为，正确的营销沟通会让企业获得巨大的回报。现在沟通正变得越来越困难，目前，电力客户处于一个主动的地位，他们对于自己想要什么样的沟通，具有主导力和选择权。所以，营销沟通已经不是是否要进行沟通，而是沟通什么？怎么沟通？什么时候沟通？和谁沟通？以及保持什么样的沟通频率？等。为了提高电力营销服务水平，电力营销服务人员需要设计富有创造力的沟通手段，将多种营销沟通方式有效的整合起来，这也是现在电力营销市场的趋势。

提高型服务就是以向客户提供超值服务为手段，以让客户满意乃至愉悦、提高忠诚度为目的，其应用范围十分广泛。

服务方法：①对客户的问询以及客户碰到的难题迅速做出反应。②24 小时随时服务，及时回访客户，采取一切措施简化业务往来。③公司上下各部门员工都同客户友好相处。④尽量为每位客户提供有针对性的服务。⑤对产品质量做出可靠承诺。⑥在所有的交往中表现出礼貌、体贴和关心。⑦永远做到诚实、尽责、可靠地对待客户。

2. 补救型服务

补救型服务是指在非正常情况下，采取应急措施消解客户负面情绪，挽留客户的服务。

在通常情况下，投诉是难以避免的。电力营销服务人员在为客户服务的过程中，投诉是屡见不鲜的，尤其在经济迅速发展的今天，人们维权权意识越来越强。所以，投诉必定发生。为此，妥善处理客户投诉，补救错误，消除负面影响，就显得非常重要了。

实践表明，当客户感到他期望得到的服务水准，与供电企业实际所提供的服务水准有差异时，客户就会产生抱怨。一般情况下，客户抱怨的内容包括以下几种类型：

（1）提供的电能品质不良。比如，端电压合格率偏低、供电可靠性差等。

（2）提供的服务欠佳。比如，服务人员言行不符合礼仪规范；或者与同事聊天，冷落客户；或者发生以电谋私问题等。

（3）服务效率低。比如，急修服务不到位，恢复供电过程过长等。

（4）工作质量差。比如，给客户造成停电或者带来其他不应发生的麻烦。

（5）缺乏语言技巧。比如，不打招呼，语气生硬，业务知识不足，不能满足客户询问等。

补救方法：（1）对于上门投诉者，一定要乐于倾听，如果要作解释或辩解，一定要给他们留出不满的时间。最好是由专人负责处理客户投诉，并设置专门的接待室，在环境安排上要给投诉者以亲切感。倾听完投诉，负责接待的人员必须立即表态，第一个姿态是真心实意地感谢，把投诉看作是对企业和部门的爱护。如客户投诉合理，应立即表明态度，或退或赔；如果是服务态度问题，应马上道歉，最好让肇事者自己来表示歉意。倘若有些问题不能马上处理，也不能“踢皮球”，应向客户保证负责日后的转告和联系，但不要轻易许诺。

（2）对于信函投诉，应记下对方的通讯地址，在处理时间内处理完毕后，应立即向当事人反馈。客户希望自己的投诉能够得到迅速积极的答复，否则有可能转化为向媒体投诉。处理时，是打电话回复还是写信，取决于问题的性质和时间，但是不仅仅应解决问题，还应该利用时机让客户确信供电企业将致力于提供最高标准的服务。

补救步骤：第一步，让客户发泄。当客户烦恼时，他们一是想表达自己的感情，二是想解决问题。如果阻止他们情感的表达，将使客户由烦恼升级为恼怒。服务人员一定要让客户感到自己是在用心倾听他们对烦恼的倾诉，切忌把它看作是针对自己，要明白服务人员仅仅是他们宣泄的对象。

第二步，避免陷入负面过滤中。有的客户比较挑剔，面对这种人群，如果电力营销服务人员想：我怎么遇上了这么一个不讲理的人。这时，一种看不见的负面过滤就来到了服务人员和客户中间。这样，就会使问题变得更糟。这时，服务人员应该通过问自己这样问题来避免自己陷入负面过滤中：这位客户需要什么？我如何才能满足他的需求？通过改变注意的目标，就会找到需要解决的问题。

第三步，表达对客户的理解。简要而真诚地对客户表示理解，就会使客户平静下来。虽然服务人员并不一定同意他们烦恼的原因，但已经架起了与客户之间的桥梁。

第四步，积极解决问题。帮助客户澄清问题的症结，不要因为犯经验主义的错误，而错过特殊的细节。要收集所需要的任何附加信息，重复检查所有的事实。

第五步，找到双方一致同意的解决方法，不要向客户许诺自己做不到的事情。

第六步，跟踪服务。通过对客户的跟踪服务，如打电话、发邮件或者写信，检查解决方法是否有效，并继续寻找更合适的解决方法。

总之，补救服务在客户服务工作的关键环节，它能起到出奇制胜的作用。

三、案例解析

【案例 2-1】

某辖区的一位客户反映他某个月的用电量特别多，所以他不缴电费。计量人员检查装置后发现，由于施工人员施工时的大意，互感器的倍率接错了，多计了客户电量。

【处理方法】

计量人员应主动联系客户，对客户说明情况，对客户说“对不起”“一切都是我们的错”。接着，计量人员应及时将错误接线更正，退回多计的电量，要与客户友好地沟通，双方签字确认。这样做后，客户的怒气、怨言可能会一扫而光，“投诉”两字就不再提了，甚至还会连声说“人无完人，谁都有出错的时候”。

【借鉴案例】

2001 年某日，某购物广场的客户服务中心接到一起顾客投诉，顾客说她在买的晨光酸奶中喝出了苍蝇。于是，该顾客带着小孩来到商场投诉。正在这时，有位值班经理看见了他们，走过来说：“你既然说有问题，那么你带着小孩去医院，有问题我们负责。”顾客听后，更加愤怒，她大声喊：“你负责？好，现在我就让你吃十只苍蝇，我带你去医院检查，我来负责好不好？”边说边在商场里大喊大叫，并口口声声说要到消协去投诉，引来许多顾客围观。

该购物中心负责人听到后立刻前来处理，他让那位值班经理赶快离开，然后把顾客请到办公室交谈。他一边向顾客道歉，一边耐心地询问了事件的经过。重点询问：①发现苍蝇的地点（确认卫生情况）。②确认当时酸牛奶是撕开状态，而不是只插了吸管的封闭状态。③确认当时是小孩发现苍蝇的，大人不在场。④询问顾客在以前购买的晨光酸牛奶中是否有类似情况？在了解了情况后，商场提出了处理建议，但由于顾客对值班经理说的“有问题，带着小孩去医院，有问题我们负责”这句话耿耿于怀，不愿意接受道歉和建议，交谈僵持了两个多小时依然没有结果。最后，商场负责人只好让顾客留下联系电话，提出换个时间再与其进行协商。

第二天，商场负责人给顾客打了电话，告诉顾客：“我商场已与晨光牛奶公司取得联系，希望能去晨光牛奶公司参观了解（晨光牛奶公司的流水生产线，生产、包装和检验全过程是在全封闭无菌状态下进行的），并提出，本着商场对顾客负责的态度，如果顾客要求，商场可以联系相关检验部门确认。顾客接到电话时已经过了气头，冷静下来了，商场负责人对值班经理讲的话又再次道歉，顾客感到商场对此事的处理方法认真严谨，态度缓和了许多。通过商场经理的不断沟通，最后，顾客终于不生气了，他最后告诉商场负责人，她其实最生气的是值班经理说的那句话，既然商场这么认真负责，她也就不再追究了。

该案例有许多值得借鉴的地方。①沉着。在矛盾进一步激化时，先撤换当事人，改换处理地点，再更换谈判时间。②老练。先倾听顾客叙述事件经过，从中寻找证据，待顾客平静后对此进行客观分析。③耐心。谈判处于僵持状态时，不急不躁，站在顾客的角度为顾客着想，且非常有诚意，处理方式严谨认真。

第二节　电力客户服务投诉补救

美国营销大师科特勒曾指出，现在很多企业，“客户是首要的”理念更多还是停留在口头上。虽然企业反复强调客户至上的理念，然而这种信息并没有真正进入中低层管理者的脑海中。所以，企业要真正践行“以客户为中心”，就必须跟踪监测客户满意度，梳理出电力营销服务人员与客户之间所有可能的接触点，尤其要注意那些容易给客户带来损失和失望的接触点。必须构建完善的培训体系来培养员工的正面态度，让电力营销服务人员以专业、亲和、高水准的标准服务于客户，必须时时听取客户的声音，及时发现问题，及时做出调整改善。同时，运用必要的方法来提升服务质量。

一、提升电力服务的方法

（一）避免服务不好

好的印象会对企业带来良好的收益，而不良的第一印象所带来的危害，远比能意识到的还要严重。现在的电力客户有了越来越多的选择机会，又有众多的售电公司在争抢他们的注意力。所以，客户不但不能忍受不好的服务，并会因此而离开供电企业，还会将对企业的不好印象向更多的人传播。所以，要提升服务质量，首先要避免给客户留下服务不好的印象。

所以，无论发生什么情况，都不要对客户摆出不高兴或高高在上的面孔，这是电力营销服务人员的基本态度。切忌遇到客户前来投诉时，态度要比咨询时还要友好，这样才能换来客户的满意。

某日，居民客户李先生怒气冲冲地来到营业厅，他一见客户代表小陈就气愤地说："我家好好的电表怎么就被销户了？"

客户代表小陈核查系统后说："李先生，由于您拖欠电费的时间长达一年，且一年里你家都未用电，按照规定，供电公司有权进行销户，如您重新用电，必须在结清欠费后按新装办理。"

李先生的情绪更加激动："你们这是霸王条款。"

客户代表小陈说："李先生，公司就是这么规定的。"

李先生一看小陈爱理不理的态度，更加气恼，他大声地说："你这是什么态度，我要投诉你们供电公司，欠费都没有通知我，就把我的电表给销户了。"

客户代表小陈说："时间都过去这么久了，再说欠费通知是抄表班的事，我才来上班不到一年，不太清楚当年的事。"随即李先生拨打了95598供电服务热线进行投诉。

（二）弥补服务不足

服务是电能最重要的组成部分之一。要知道，电力客户买的不仅仅是电能这个产品，其中还有服务本身。服务是一种特殊的无形产品，事实证明，好的服务是企业的一张绝佳名片。但是，服务中的不足，将会给企业名誉造成不良影响。所以，作为电力营销服务人员，当工作中服务出现不足时，一定要及时弥补，而不是找借口推脱责任。通过“服务修整”，不但可以弥补服务中发生的问题，还可以使挑剔的客户感到满意。

某月 18 日上午，客户张先生到当地供电营业厅办理其别墅用电的低压增容业务，在未携带身份证的情况下，张先生要求供电企业先受理，资料待后续环节补交。窗口客户代表小林口头同意后，将该项目录入营销管理信息系统。21 日，小林请假，该项目交给客户代表小王办理。小王认为这个项目申请资料不全不能受理，在没有通知客户补充申请资料的情况下，就将该项目的流程中止。至次月 16 日，无工作人员联系答复供电方案、通知缴费事宜，也未帮其装表，造成的别墅装修工期延误，客户张先生因此拨打 95598 供电服务热线进行投诉。

服务无小事，客户服务是一项细致的工作，容不得半点马虎大意，工作人员的任何疏漏都可能给客户带来巨大损失，给供电企业形象造成负面影响。所以，当发现工作中出现服务不足，妥善处理客户投诉，补救错误，格外值得注意并研究。

德国营销专家埃德加·格弗罗伊和他的研究伙伴乔治·格林在研究顾客关系时总结出：除非能很快弥补损失，否则失去的顾客将永远失去。不满的顾客比满意的顾客拥有更多的朋友。也许顾客并不总是对的，但怎样告诉他们错了会产生不同的结果，毕竟顾客支付了所有的报酬。投诉使企业有机会进行挽救。必须倾听顾客的意见以了解他们的需求。如果您不去照顾您的顾客，那么别的人就会去照顾。

补救服务方法

1. 真诚道歉是一种让客户知道企业关心客户并想纠正错误的方法，那种不想因为承认错误而使企业形象有所损害的想法，是更大的错误，因为客户已经坚信错误在企业。

2. 认真听取客户对问题的评价，而不要本末倒置。

3. 让客户知道企业关心他们的事情，并且错误不会再次发生。

（三）修整服务方案

每家企业及员工都会犯错误，客户一般对这点都能够理解。但客户关心的是怎样改正错误。对于服务中出现的问题，不仅要道歉，而且还要制定切实可行的方案，用具体的行动来解决客户的问题。比如，一个客户提着由于电击原因损坏的电器来到供电所营业厅，作为电力营销服务人员，这时不应只是停留在口头解释层面，推辞说找证据，说明按规定七天后才给予答复，如果时间允许，应立即到客户现场落实，对于属于供电企业的责任，应按规定迅速给予赔偿，对由于客户自身原因而导致的电力设备损坏，一定要把这个问题当成自家问题去解决。比如，可以亲自动手帮他维修，或者积极联系专业人士帮其维修。将心比心就能赢得客户的好感和支持。

（四）不同客户有针对性地服务

在为电力客户提供服务的过程中，一定要考虑客户的实际情况，按照客户的感受调整服务制度，也就是为客户提供个性化的、价值最高的服务。现在的电力服务比过去任何时候都复杂，因为我们面临的是一个极度细分，又极度多变的市场环境。不同群体的需求可能迥然不同，在这种市场背景下，供电企业一定要回归根本，针对不同群体运用不同的服务方式。比如：针对大客户、中客户、居民客户，通过定位和差异化策略，迅速建立具有特色的服务制度。

针对性服务方法：

1. 将客户公司里的重要活动或纪念日建档，亲自或书面予以祝贺。

2. 定期拜访并特别地维系与他们的关系。

3. 看看是否成立一个咨询委员会，让符合特定条件的客户参加。

4. 成立客户俱乐部，发给客户会员卡，让持卡人享受优待或地位证明。

5. 经常性地征求大客户对服务人员的意见，及时调整服务人员，保证渠道畅通。

6. 对大客户制定适当的奖励政策。组织每年一度的大客户与企业之间的座谈会，听取客户对供电企业电能质量和服务等方面的意见和建议，对未来的市场进行预测，对企业下一步的发展计划进行研讨，等等。

（五）服务制度指导

企业制定服务制度的目的是为了更好地为客户服务，帮助客户解决问题，满足他们的需求，达到和超过他们的期望。如果因为制度问题影响了客户服务质量，就要及时地修改制度。

某年 3 月 3 日，客户黄先生来到营业厅办理电表过户手续。客户代表小袁说：“您好，黄先生，办理过户手续需要提供原户和新户身份证原件及复印件。”客户黄先生了解到所需申请材料后就离开了。

3 月 15 日，黄先生带着原户和新户的身份证再次来到营业厅。

客户代表小林告知客户黄先生：“办理过户需要原户、新户本人带着身份证原件及复印件办理过户。”

客户黄先生说：“上次我来你们营业厅咨询过，那个客户代表告诉我，只要带上身份证复印件就可以办理。怎么这次还要本人过来办理？你们这样要我跑来跑去，这叫什么服务？”

客户代表小陈说：“对不起，你的资料不全，我不能给你办理。”说完，离开柜台去了卫生间。客户黄先生等了许久后，十分气愤，随即拨打了95598供电服务热线进行投诉。

良好的服务制度，可以很好地指导客户，让他们知道企业能为他们提供什么，以及怎样提供。通过良好的服务制度，可以极大地提高企业内部员工的服务意识，提升服务质量。但是，电力营销服务人员在服务客户过程中，若不严格按照服务制度工作，而营业厅又未设服务监控平台和服务评价器，对电力营销服务人员的服务态度、文明用语进行监控，所谓的服务制度就有可能流于形式，而客户表示不满后，电力营销服务人员也未及时采取有效措施安抚客户，就有可能导致客户不满，引发投诉。

二、处理电力客户投诉服务补救原则

（1）不管是谁造成的服务失误，企业都应该及时发现，并给予解释改正和处理。这是第一条原则，也是最重要的原则。

（2）为电力客户营造轻松、容易进行投诉的环境，比如电力营销服务人员的语言和口气等，都要给客户轻松的感觉，并且整个过程简单明了，客户可以用很短的时间就完成投诉。

（3）在解决服务失误的整个过程中，及时向客户汇报补救办法的进展情况，让客户时刻感受到电力营销服务人员在正面解决，即便没有迅速给出结果，客户一般都会理解、支持。

（4）主动发现并尽力解决所有服务失误，这一点只能努力做到，并且积极主动，而不是被动去处理工作中出现的失误，不是等着电力客户找上门来再去解决问题。

（5）出现对电力客户经济造成损失的失误时，要以最快的速度给予客户补偿，并且致以最诚挚的歉意。这一点不仅是态度问题，还体现执行力方面，为客户留下良好的企业形象。

（6）除了经济上给予补偿，服务补救还应该关注是否给电力客户精神层面上造成了伤害，主动关心会让客户舒服。即便客户有什么不高兴的，或许会因为服务补救时企业的真诚态度而主动原谅企业。

（7）服务补救只给予经济补偿和精神安慰，有时候还远远不够，还需要作出更多。

（8）建立有效的服务补救体系，系统化地进行服务补救，并且给员工授权，使其可以尽快解决服务失误造成的严重后果。

三、案例解析

【案例 2-2】

某天下午，客户卫某反映位于某路中段的一个小区四百余户人家有半数家里突然没电了。供电值班人员接到电话后，迅速赶到现场，经查实该故障属于内部故障。物业公司虽然清楚是自己设备出现了故障，但苦于能力有限而请求支援。该供电公司了解到情况后，一边迅速召集员工安排对客户设备进行检查、抢修，另一边要求相关人员在小区醒目位置张贴告示，解释停电原因，告知抢修进度。

晚上八点四十分，客户的设备依然在抢修当中，为方便小区客户照明，供电公司临时决定买来蜡烛免费给小区客户发放。晚上九点三十分，小区恢复供电。小区居民无不交口称赞。

【案例解析】

上述案例中，一张告示明确了客户与供电企业的责任归属，小小的蜡烛是“修正服务方案”的最佳体现，它从细微之处入手，使停电不但没有造成不良社会影响，反而得到了客户的理解和支持。

【处理方法】

（1）迅速反应。比如，接到客户打来停电电话时，要积极迅速响应，组织人员赶往现场查看原因。

（2）修正服务方案。比如，当查实属于客户内部故障时，不能以责任界限推诿塞责，面对日趋激烈的市场竞争，必须转变思路，修正服务方案。

（3）从细微之处入手获得赞誉。比如，在小区内张贴告示解释停电原因，为客户免费送去蜡烛。有时，一次体贴的关心，就能收到意想不到的效果。

【借鉴案例】

郑州有一家酒店在服务细节方面做得非常优秀。酒店在注重常规服务标准化、人性化的同时，还特别训练服务员与小孩的沟通能力，为顾客提供人性化的服务。

有一天，一位顾客带着他 3 岁多的儿子前去就餐，小孩进入酒店后对环境感到好奇，不但到处乱跑，还大叫不止。小孩的妈妈一训斥，小孩就又哭又闹。这时，服务员马上从袋中拿出一个卡通小玩具送给小孩，并主动提议带小孩玩。小孩在玩具的吸引下，开心地和服务员玩耍。服务员还给他讲有趣的童话，小孩听得入了迷，再也不闹不跑了。就餐结束时，小孩却不想走了，他说还没有和姐姐玩够。走到门口时小家伙还回头说："姐姐再见，我明天还来找你玩。"

据了解，该酒店潜心研究顾客的消费心理，及时发现顾客的新需求。酒店不但加强与顾客的沟通，了解顾客的需求和满意度，还会随着顾客需求的变化，有针对性地提供服务。

第三章

客户投诉心理分析及解决途径

第一节 电力客户投诉心理分析

一、客户投诉心理分析

客户投诉是一个复杂的心理和行为过程，涉及原因、动机和行为等多个方面。因此关于影响因素也有许多种表述。Keng，Richmond and Han（1995）对客户投诉行为进行了实证研究，他发现进行投诉的客户更加自信、个性、与众不同和果断。相反，不投诉的客户一般比较保守，愿意规避风险，也更愿意遵从社会规范和长辈的意见。Huppertz（2003）认为客户的个性会影响客户认知的投诉所需的努力。

对于态度与行为的关系，社会心理学上也认为态度并不总能预测行为，情景因素会削弱态度与行为的联系。Ajzen and fishbein（1980）的合理行动理论认为做出某一特定行为的决定是通过理性思考的，在这个过程中，个体会考虑各种行为方案，评价各种结果，然后做出行动或不行动的决定，因此这个决定反映了行为的意向。而且对个体的外显行为产生强烈的影响。根据这个理论，态度影响行为意向，通过行为意向影响外显行为。

二、客户抱怨、投诉心理分析

（一）客户为什么抱怨

经验表明，企业必须力求在 5 个层次的服务水准方面紧密配合。他们是：①企业希望提供的服务水准。②企业能够提供的服务水准。③企业实际提供的服务水准。④客户感觉到的服务水准。⑤客户期望得到的服务水准。五者之间只要有一部分未能达到，客户就会产生抱怨。

（二）投诉心理分析

较为正常业务咨询，客户投诉无疑是反馈企业中电力营销服务人员们最不愿意接收的一种信息，它的强度很容易超出心理警戒线。客户投诉心理包括正当投诉心理、不正当投诉心理两种。

1. 正当投诉心理

一般来讲，正当客户投诉的深层心理动机有以下三大类。

（1）宣泄心理。在受到不满意产品和服务时，客户心有不快甚至上升为怒气，故用投诉来发泄怒气，寻求心理平衡。客户发泄完怒气后，待其怒气消除，便不会有进一步的诉求。这是比较简单的一种投诉心理。

（2）求尊心理。认为自己没有受到应有的尊重是客户投诉的最重要原因之一，尤其是在体验服务的过程中，这一问题更容易发生。例如，有些电力营销服务人员凭借客户的穿衣打扮判断客户的身份，继而采取不同的服务方式。

（3）求偿心理。由于各方面的原因，企业提供给客户的产品或服务没达到顾客的预期，有时甚至会给顾客造成物质上或精神上的不同程度的伤害，许多客户用投诉这一渠道来寻求相应补偿。

2. 其他投诉心理

（1）转移责任。有些客户在购买产品或服务后，在后续的使用过程中由于操作不当给自己造成损失，便利用投诉渠道来转移责任，将过错转移到产品或服务的提供者身上。比如，湖南某客户购买了某品牌高压锅，由于在使用过程操作不当，造成高压锅爆裂，他却认为是电压质量不合格导致的，要求供电企业赔偿损失。

（2）建议心理。有一些客户进行投诉，其实是为了提出一些建议。这些客户在经历某次不如意的服务后，或者在看到某些可能存在的服务失误后，会向企业提出自己的建议与见解，这部分客户大多是理智型与内涵型消费者，例如教育程度较高的知识分子。

（3）逆反心理。有的客户投诉，是因为当事人反感企业的某一做法。这种情况的发生大多与投诉客户的文化背景有关。

3. 不正当投诉心理

客户进行投诉一般是为了争取自己的正当权益，但也有部分客户投诉的背后隐藏着不正当的心理动机，常见的有以下几种。

（1）过度维权型。过度维权型投诉是指客户一旦觉得产品或服务存在问题，就找各种借口向产品或服务的提供商索要不合理的高价赔偿。比如，某客户因违约用电，用电检查人员没有履行相关手续就对其实施了停电，给客户造成了损失，客户抓住没有告知服务这一瑕疵，以设备损坏为由，要求供电企业高价赔偿。

（2）“明知故投”型。就是某些客户佯装不满，要求企业兑现服务保证。名噪一时的“打假英雄”王海，就是利用企业的服务保证，凭借其较强的辨假能力，专门通过“买假索赔”来赚钱，这是典型的“明知故投”型投诉。

（3）诈骗威胁型。某些客户为了得到丰厚的赔偿，在接受到某种不满意的商品或服务后，要求企业给予高额赔偿。企业如果不满足其要求，就向大众媒体“曝光”，或在网络上发布负面消息，以此来威胁企业。在这种情况下，客户往往会夸大其损失，并且要求大大高于其损失的赔偿额。

三、电力客户不满、抱怨、投诉的分析

（一）对产品及供电网络本身的不满

服务的质量问题引起的投诉主要是由于企业所提供的产品或服务没有达到质量标准，或者有重大的质量问题造成的。供电质量包括供电可靠率、电压合格率等。比如，夏季高峰用

电期，为了保证重要客户的用电需求，供电公司频繁拉闸限电，导致客户不满，继而引发投诉。

（二）对电力营销服务人员的态度不满

电力营销服务人员在为客户服务过程中，服务态度、形式、方法，手段不规范，服务过程中推诿塞责，缺乏主动性，环节运行慢，信息传递不畅等造成客户不满意而导致投诉。比如，电力营销服务人员在回答客户的问题时，不理会客户的询问，或者不耐烦、敷衍了事，对客户冷漠、爱理不理；收费员让客户结账等待的时间过久；受理用电申请后，迟迟不进行供电方案答复，或者已竣工验收，却不按规定期限送电等，都会使客户感到不满而投诉。

（三）客户自身的原因

有时，客户自己对企业的产品或服务缺乏了解而产生误会，会造成无效投诉。比如，某客户申请用电，现场勘查人员多次联系，该客户都以有事不在不予配合，导致未在规定时限内送电。企业对这样的投诉应尽量耐心地向客户进行解释，帮助客户解决实际问题，这样不仅能使客户的问题得到解决，还能培养高度的客户忠诚。

四、案例解析

【案例 3-1】

5 月 6 日，客户郑女士拨打 95598 供电服务热线反映：2000 年农村电网改造时，在没有得到她许可的情况下，供电企业就在她家屋外的墙上安装了一个公共电表箱，侵犯了她的墙面所有权。如今，电表箱破损严重，经常发出异响，存在安全隐患，她要求更换表箱或者将电表箱迁移到其他地方。95598 坐席人员将工单派发给供电公司处理，工作人员经现场勘查确认表箱确实破损，但因表箱没有库存无法更换，同时检查发现电表箱发出异响和冒火是由于客户出线接触不良引起的。随后，供电公司通知客户处理。5 月 8 日该表箱因过负荷着火引起客户墙壁烧坏，郑女士向95598供电服务热线进行了投诉。

【案例解析】

上述案例，由于寄挂公用表箱迁移不畅引起客户不满。随着社会的进步，客户的维权意识越来越强。虽然电力法规定用电客户有配合迁移供电设施的义务，但是客户不愿在自家的房子上安装表箱，供电公司就不能强制安装，只能做客户的思想工作，取得客户的理解。

【处理方法】

（1）多渠道受理并简化手续。对于表箱迁移问题，出台可以通过供电营业厅、95598供电服务热线或者供电服务网站受理此类问题的渠道，使客户所反映的问题能够得到及时解决。

（2）制定表箱迁移流程和规范。比如，规定客户申请资料、勘查时限和需要客户配合的事情等，减少客户对寄挂表箱“寄挂容易迁移难”的担心。

（3）创造良好的外部环境。从物权法的角度来看，表箱寄挂在客户房屋墙面上，只要客户不同意，就是违法的。所以，多与客户协商沟通，争取客户支持，将心比心，从而为电力设施建设和维护工作创造良好的社会环境。

【借鉴案例】

有一位客户购买一台联想计算机已经两年多了，即将超出保修期的时候，这台计算机连续出故障。当时客户计算机的型号已经属于被淘汰的型号，联想的备件库里能与这个计算机匹配的备件已非常少了。为了稳妥地解决客户问题，联想公司安排人员上门服务。为了安抚客户，他们预备了一个临时解决方案，就是给客户提供一个备用计算机让客户暂时使用。

在客户家里，客户显然对联想公司准备的解决方案很不满意，因为当时条件限制，联想公司给客户准备的备用计算机是一个更过时的计算机。客户是一所大学的教师，正在读博士，她正在筹备撰写博士论文。面对一台“开膛破肚”的计算机，她气都不打一处来，哪还有什么灵感和思路，而她的博士论文是马上就要进行的工作，也耽误不得。

了解到客户情况后，联想公司服务人员首先说服客户先把备用机留下（有总比没有好），然后指导客户打开计算机，向客户介绍显示器分辨率和刷新率设置的知识，之后又帮助客户找到自己的文件，给客户介绍好的文件保存和管理方法，好的计算机使用习惯，以及输入法、计算机维护等方面的知识。客户很高兴，一直再没有问关于故障计算机维修的问题。最后，联想公司人员在离开之前，又再次向客户承诺，可以在计算机使用方面给她提供尽可能的帮助。之后，应客户要求，联想公司人员又为客户上门服务几次，包括周末和晚上，为她提供力所能及的帮助。三个月后，客户的计算机由于难以维修，联想公司建议让客户加钱升级，换一台计算机，客户欣然接受了这个方案。

联想公司这个案例值得借鉴的地方在于：处理投诉，首先应先解决人的问题，再解决事的问题。如果问题无法从技术方面解决，就从人身上解决。解决人的问题，就要找到客户的其他的、深层次的需求。如果客户对这个需求的满足获益大于无法解决的那个问题的收益或者抵消了损失，投诉就容易解决了。处理投诉的时候，一定要以人为本。客户往往只有接受了人，才能接受这个人提供的服务或者产品。在做工作的时候务必要让客户感受到服务人员的真诚、专注、体贴、专业，才能让客户接受，争取到客户的信任。如果客户信任了服务者，那么即使拒绝了客户的请求，客户也会相信自己的请求是客观条件无法满足的。如果服务人员或者销售人员与客户建立并保持了信任关系，那么客户和服务者（销售员）双方的风险、经济成本、时间成本都会降到最低，从而达到利益最大化。

第二节　重复投诉处理的技巧

重复投诉是指同一投诉人针对同一事由引发的同一具体

问题，向投诉接受部门多次进行投诉的一种现象。

一、重复投诉的表现

导致重复投诉的原因主要包括以下几个方面：

（1）投诉事件紧迫，投诉者急于服务方提供服务。

（2）问题一直没有得到处理，投诉者对处理态度不满。即投诉人在预期的时间内没有得到处理，导致了投诉人对处理的不满，而从重复投诉的解决过程来看，投诉者往往会给予服务方一定的投诉处理时间。但是，一旦服务方处理时间超过了投诉者的忍耐时间时，投诉者才会进行第二次投诉。

重复投诉的时间间隔是指连续两次投诉的时间差。计算公式为

$$I_{ij} = T_{(i-1)j} - T_{ij}$$

其中：I 表示投诉时间间隔；T 表示重复投诉的投诉时间；i 表示该投诉在此重复投诉中的序号；j 表示投诉类型的序号。

重复投诉量是反映重复投诉特征的另一个维度，一般而言，当投诉者一次投诉无法实现其诉求时，才会再次进行投诉。因此重复投诉的大量存在也反映了此种投诉处理存在缺陷。

一般认为较为紧迫的投诉类型，重复投诉也会比较高。但事实上两者的相关性并不紧密。重复投诉导致的原因除了忍耐因素，还同时包括了处理质量等问题。问题没有得到根本解决，投诉者反映的问题时常发生。投诉时间间隔则反映了投诉者主观对投诉紧急程度的一个维度，而投诉量是客观反映供电企业对各项业务投诉处理工作评价的一个维度。两项维度相结合，可以得到如图 3-1 所示的矩阵。

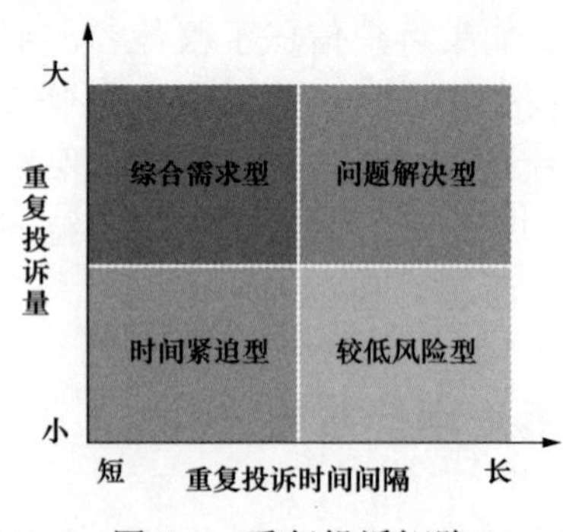

图 3-1　重复投诉矩阵

第一区间为综合需求型。

这个区间内投诉类型的特征为重复投诉量大，且重复投诉时间间隔较短，即引起重复投诉的可能型较高，而且投诉者可能在较短的时间内会连续进行重复投诉。

第二区间为时间紧迫型。在这个区间内投诉的客户，重复投诉量相对而言比较少，但投诉者对此类重复投诉时间间隔非常高。这暗示了这个区间内的投诉发生频率并不高，或者在这个区间内投诉的类型处理质量较好，一般不容易引发重复投诉，但是一旦引发重复投诉，投诉者往往会要求在较短的时间内进行解决，否则他会在较短的时间间隔内再次重复投诉。

第三区间为问题解决型。这个区间内的投诉特征表明，重复投诉量较高，但是重复投诉时间间隔一般会比较长。重复投诉时间间隔较差，在一定程度上反映了这类投诉者对投诉的时间紧迫型特征并不显著，但是重复投诉量依然较高，说明此类投诉的解决质量依然存在问题，并不能很好地解决投诉者的投诉问题。

第四区间为较低风险型。这个区间的投诉一般对投诉时间敏感度较低，而且投诉重量比较低，表明时间随机分布且不易发生。这类投诉表明，服务人员在处理上一般较好，重复投诉仅为偶尔发生，且投诉者对投诉事项处理的紧迫性需求也并不显著，非核心投诉。

供电企业各类业务分类在四个区间情况如图 3-2 所示。

综合需求型区间主要包括抢修质量、供电质量和电力设备维护。这些投诉类型中，投诉者不仅对处理的质量表达不满，而且往往投诉的时间间隔也很短。

问题解决型区间主要包括电价电费、抄表催费、电压质量等问题。这些服务类型主要涉及供电企业具体的服务内容和长远规划。导致重复投诉的主要原因是供电企业对于初期的投诉处理没有达到投诉者的需求。

时间紧迫型区间主要包括供电可靠性、供电频率、停电信息公告等问题，主要集中在停电问题领域，被访者往往对停电问题的忍耐度较低，并急切想了解投诉处理的结果。

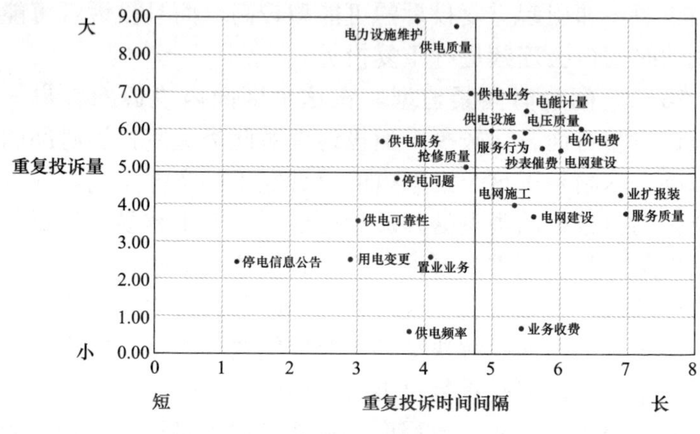

图 3-2　供电公司业务分类

较低风险型区间主要包括电网建设、业扩报装和业务收费等问题。此类投诉一般不容易引起投诉，且投诉者的忍耐程度相对较高，属于重复投诉中风险相对较少的业务类型。

（3）在问题处理过程中又出现新的不满。这种投诉具有两方面特点：一方面投诉事件间隔随时间发生而孤立分布。另一方面投诉者对于投诉的问题注重处理质量。

二、不同业务类型投诉处理

针对不同业务投诉，处理包括以下三种。

（1）早期回访介入和情绪平复。即快速解决客户的问题，把不满意客户转化成满意的客户，把一般满意的客户转化为非常满意的客户，这是服务补救的核心。当发生服务失误时，要快速反映，妥善处理投诉事件。

方法：不时地点头、保持眼神交流、不时地回应。

（2）明确事实。同一种问题可能有多种表象，同一种表象可能有多种问题。事实没有澄清之前，不要去承揽责任。假设不等于结论，从假设到结论是与客户沟通的过程，有时正确的答案不一定是有效的，只有客户满意才是有效。通过客户复述确认，明确问题事实，这样可以达到以下目的：体现职业素质、检验理解、提醒作用、分清责任。

方法：当在倾听中捕捉到一些有用信息时，为了更多了解有用细节，应当在客户讲完后，请客户有针对性的多介绍一些情况。比如："您能再多谈谈有关这方面的情况吗？""您刚才所说的情况是频繁跳闸，是这样的吗？"当客户描述了出现的问题后，你想知道先前的情况："您能描述在这个问题发生前你采取了哪些步骤？"

复述确认话术：提炼过的语言概括复述一些要点以求双方的了解是否一致。比如："您刚才所讲的意思是不是指……""我不知道我听得对不对，您的意思是……""那么，如果我没有理解错的话，您刚才谈的是……，对吗？""刚才听你说的应当是……是吗？""正像你所说的，我也以为……"

（3）解决问题。提出解决方法及时间表、为客户提供选择、诚实地向客户承诺、付诸行动和客户回访沟通。但三种方法有时相互作用，假如在工作负荷有限的情况下，三项工作将会相互制约。对于不同的投诉类型，处理的策略应有所不同，见表 3-1。

表 3-1　　不同业务类型投诉的处理

	早期回访介入和情绪平复	紧急处理	保证处理质量
综合需求型	★	★	★
时间紧迫型	★	★	☆
问题解决型	☆	★	★
较低风险型	☆	☆	☆

综合需求型投诉。这类投诉，一般存在大量重复投诉，且大多投诉事件间隔较短，并且这类投诉的投诉者忍耐比较低。对于这类投诉，早期介入和紧急处理非常重要。所以，电

力营销服务人员应当重视这类问题的处理质量，以降低投诉和重复投诉量。

时间紧迫型投诉。这类投诉的重复量比较低，偶发性较多，但是一旦客户进行投诉，则会在较短的时间内可能再次引发投诉。因此，一般要早期介入和紧急处理。

问题解决型投诉。这类重复投诉量比较高，但是投诉者一般不会在短时间内重复投诉。这类投诉的投诉者的忍耐程度比较好。所以，针对这类投诉，电力营销服务人员应当更加重视投诉的处理质量。

较低风险型投诉。这类投诉一般存在的问题不大，仅需要维持当前的处理方式即可。

三、不同性格类型投诉处理

投诉者按性格来分，一般可分为感性投诉者、兼有性投诉者和理性投诉者。性格不同的投诉者，对事物的需求和要求往往也会有所不同，见表 3-2。

表 3-2　　不同性格类型投诉的处理

	早期回访介入和情绪平复	紧急处理	保证处理质量
感性投诉者	★	★	☆
兼有型投诉者	★	★	★
理性投诉者	☆	☆	★

感性投诉者。这种类型的投诉者，往往注重情感的表达，且其往往在短期内会引起较大的不满，情绪波动也较大。因此，对待这类客户，应当重点进行早期回访介入和紧急处理，安抚其情绪。

兼有型投诉者。这种类型投诉者兼有感性和理性投诉者的特征，但这两个特征常常会相互制约。一方面他们重视感情的表达，另一方面他们也要求对时间进行处理。对于这类客户，需要早期回访接入和情绪平复，同时安排相关部门和人员紧急进行处理，但还要保证处理的质量。

理性投诉者。这类投诉者往往比较关注事件的解决，他们常常会给出一定的时间，但要求投诉的事项必须得到切实的处理。对于这类客户，电力营销服务人员应当重视处理质量的保证，并对未来的同类事件进行预防。

四、快速处理重复投诉步骤

1. 行动

对客户投诉迅速采取行动，避免客户等待。电力营销服务人员要认真倾听了解问题，并帮助客户宣泄不满。

2. 劝慰

对客户进行劝慰，让他们平息下来。通过承认过错和劝慰，让客户平息下来。继续询问更多的问题，在让客户进一步宣泄的同时加深对问题的了解。

3. 告知

诚恳地把解决问题的方案告诉客户。向客户解释对问题的理解和造成问题的原因。

4. 恳请

恳请客户倾诉自己的感受。虽然有时的感受可能不正确，但绝不要进行驳斥。同时，提供解决的方法，可建议一种能使客户满意并同时解决投诉的方法，也可以询问客户希望怎样解决。

5. 提供补偿

尽量提供适当和合理的补偿，或立即采取补救措施，并采用超过电力客户期望的解决方案。

6. 培养情感

通过微笑和再三感谢来培养与客户的感情，继续跟踪。如几星期后打电话或写信与客户联系，以确保客户的满意和忠诚。

例如：某天某客户去某营业厅办理交费业务，可是不巧营业厅的电脑坏了，客户等了很长时间，他问坐席代表："我已经等了你们一整天了！你们究竟在做什么？！这么一点事情需要那么长的时间吗？"这种情况下，坐席代表如何处理？

作为坐席代表，首先对客户道歉。继而，对事情作出合理的解释，说明原因。第三步就需要对由此给客户带来的不便表示同情和理解。第四步，迅速告知客户问题的解决方案，并付诸行动。第五步，再次向客户表示歉意，表明我们要改进服务的诚意和决心。第六步，谢谢客户对企业提出的宝贵意见。

五、案例解析

【案例 3-2】

某供电公司计划于 3 月 7 日 7:00～18:00 对一条 10kV 线路停电检修，该线路上有一重要客户——红旗制品厂。为了方便客户提前做好生产准备，供电公司提前 7 天将停电信息告知了该制品厂，制品厂在接到停电通知后重新安排了生产计划。

3 月 7 日 18:10，客户致电 95598 供电服务热线投诉："你们供电公司通知今天的停电会在 18:00 前结束，但到现在我们还没来电，全厂六百号人都在等着开工，你们必须马上给我们送电。"95598 坐席人员了解后告知客户预计在 20:00 送电。20:10 分，客户再次打来电话投诉，电还是没有。95598 坐席人员安抚客户情绪后，再次了解，由于施工中路径受阻，送电又推迟了一个小时。95598 坐席人员及时将此信息告知客户，但客户对此非常不满。

【案例解析】

上述案例，在停电后无法按原计划正常送电时，信息传达不畅通，加上缺少对停电计划执行过程的监督，致使停电计划延迟的信息无法及时传达到客户，引起客户不满，继而引发投诉。

【处理方法】

（1）制定延迟送电管理制度。从制度上保证遇到计划停电延迟送电等情况，尽量提前通知重要客户或进行有效公告，确保客户知情权，降低服务违约风险。

（2）科学合理制定停电计划。编制停电计划时，应周密详尽考虑，确保其具备可操作性，对影响停电的风险点进行科学合理的评估和审核。

（3）建立完善的停电告知和管理流程。遇到无法按时送电的情况，调度部门应提前传递信息，多部门协同，确保信息畅通，做好客户告知工作，尽可能降低服务风险。

（4）加强对停电计划实施情况的检查和考核，做到严格执行。

【借鉴案例】

Dorosin 先生是星巴克的忠实客户，1995 年 4 月，他在星巴克购买了一款价值 299 美元的咖啡壶，后来他发现他所购买的咖啡壶有缺陷。于是，他向星巴克公司投诉。星巴克公司经理接到投诉后，答应给他一个价值 19 美元的暂时替代品直到更换新的产品为止。Dorosin 先生很喜欢这个替代品，于是，他又购买了同替代品相似的产品作为结婚礼物送给他的朋友。但取货时他发现这个产品的包装有些损坏，他要求店员检测。经过检测，店员认为这个产品质量没有问题。于是，他把这款产品作为礼物送给了朋友，但是这个产品确实存在一些问题，而星巴克公司也没有给应该赠送的咖啡赠品。于是，Dorosin 先生打电话便向店经理抱怨，经理道歉后承诺随后补上赠品。但其朋友接到礼物后发现咖啡壶里有锈迹，并且部件不全，于是，Dorosin 先生再次向商店经理打电话投诉，经理答应退款，但这时 Dorosn 先生要求星巴克公司向他的朋友公开道歉。经理没有答应，他请示他的上级主管，主管接待了 Dorsin 先生，这时，Dorosin 向主管提出了新的要求：免费为他更换价值 2495 美元的一款产品，否则就把整个事件刊登在金融时报上。主管向其道歉，认为更换价值 2495 美元产品的要求不合理，最终只同意免费更换价值 269 美元的产品。Dorosin 先生要求主管重新考虑无果，终被激怒，于是，他花费 800 美元在金融时报刊登了此事，并恳求其他不满意星巴克的客户表达他们的抱怨。其后，星巴克更高一层客户主管致电 Dorosin，希望以合理的方式解决这一问题，但最终双方未能达成一致意见。此后，Dorosin 先生先后四次在金融时报刊登广告，最终演变成了一宗持续十多年的著名的投诉事件。

在上述案例中，当 Dorosin 先生第一次购买星巴克咖啡壶出现问题后，星巴克公司及时给予答复，并提供瑕疵产品的替代品，直到为客户更换新的产品。Dofosin 先生很满意这样的处理结果，并且十分喜欢这个替代品款式，决定另外再购买一款作为礼物送给朋友。很显然，星巴克这一次的服务补救是很成功的。然而，当第二次咖啡壶出现问题，Dorsin 先生提出新的抱怨时，星巴克公司没有处理好该事件，结果导致了 Dorosn 先生在金融时报上四次刊登对星巴克不利的广告，并恳求所有对星巴克不满的顾客发表意见，其他报纸相继转载，使这种不满情绪的受众面扩大，并且传播给其他潜在的或现实的顾客，这对星巴克造成了极坏的影响。可见，顾客对不满的传播和服务失误可能造成“坏口碑”的严重后果，因此服务补救是不容忽视的一项工作。

第四章

电力营销服务人员基本礼仪

第一节　电力营销服务人员着装标准

人属于视觉动物，一般情况都是先看仪容和仪表。作为电力营销服务人员，外在形象直接关系供电企业在客户心目中的形象。如果衣着不得体，那么客户就会对企业产生不好的印象。他们会想，这么差劲的营业人员，他们的服务态度会好吗？因此，电力营销服务人员应注意自己的仪容仪表，以期给电力客户留下良好的印象。

日本营销界流行一句话：若要成为一流的营销员，就应先从仪表修饰做起。而美国最优秀的营销大师法兰克•贝格也曾说过，外表的魅力可以让你处处受欢迎，不修边幅的营销员给人留下第一印象时就失去了主动。

作为一名合格的电力营销服务人员，任何时候都不能疏忽自己的仪容仪表，一定要尽己所能给客户留下良好的第一印象。

一、电力营销服务人员仪容仪表规范

（1）供电服务人员上岗必须统一着装，并佩戴工号牌。

（2）保持仪容仪表美观大方，不得浓妆艳抹，不得敞怀儿、将长裤卷起，不得戴墨镜。

二、电力营销服务人员着装要求

（1）服装正规、整洁、完好、协调、无污渍。

（2）扣子齐全，不漏扣、错扣。

（3）在左胸前佩戴好统一编号的服务证（牌），衬衣下摆束入裤腰和裙腰内，袖口扣好，内衣不外露。

（4）着西装时，打好领带，扣好领扣，上衣袋少装东西，裤袋不装东西，并做到不拢袖口和裤脚。

（5）鞋、袜保持干净、卫生，鞋面洁净，在工作场所不赤脚，不穿拖鞋。

三、电力营销服务人员着装

得体的着装、良好的礼仪，往往会给客户留下良好的印象。所以，电力营销服务人员在工作的时候，着装一定要得体，要让客户看起来感觉你干练而又自信。

1. 男士着装

（1）西装。男士上身应着深蓝色西装，衬衣一般不要选用白色以外的颜色。要注意的是，西装千万不能穿得太紧，太紧的西装会让瘦的人看起来更瘦，胖的人更胖。所以，西装的尺寸要合体。过大、过小、过紧和过松的西装都会使营销服务人员的形象减分。

（2）衬衣。衬衣应熨烫平整，领口应挺拔。如果领口皱巴巴，会给人留下不修边幅、不讲卫生的印象，袖子不宜卷起来。

（3）领带。领带是最能够彰显男人魅力的服饰。在选用上，一般选择带条纹、中性色彩的领带，千万不能太花哨。例如，用色彩怪异的领带搭配。特别忌讳的是，男士使用太过女性化的色彩，例如粉色。一条粉色的领带很有可能让客户觉得不够有男性气质，或者更像一个花花公子。

（4）鞋。华尔街有这么一句话，“永远不要相信穿着脏皮鞋和破皮鞋的人”。脚上的皮鞋一定要擦干净，而且确定皮鞋是完好的。

（5）袜子。如果穿深色西装，不要再穿一双对比鲜明的白色袜子。

2. 女士着装

作为女性电力营销服务人员，工装一般会有长裤与裙子的选择余地。

（1）西装。一般应着深蓝色、熨烫平整的西装。注意的是，不要穿得太紧或者太瘦，西装的尺寸要合体。过大、过小、过紧和过松的衣服都会使女性的形象减分。

（2）长裤。颜色同西装，熨烫平整。若穿裙子，不宜过短。

（3）衬衣。衬衣应该熨烫平整，领口应挺拔。

（4）鞋。皮鞋一定要擦干净，鞋跟的高度要适中。

（5）袜子。如果穿裙子，袜子一定要穿肉色，肉色袜会让人显得更加职业化。切忌袜子不能有破洞。

3. 个人形象修饰要领

（1）选择与年龄相近的稳健型人物的着装作为学习的标准。

（2）着装必须与时间、地点等因素符合。自然而大方，同时，还得与自身的身材、肤色相搭配。例如，作为前台业务受理人员，需要穿正式的西装，而去现场工作的用电检查人员、电力计量人员、现场勘查人员等，通常不需要穿正式的西服套装，但一定要干净整洁，我们来看一则案例：

8 月份的一个炎热的下午，一位营业抄表人员，走进了一家制造公司总经理的办公室。这位抄表员身上穿着一件有泥点的衬衫和一条皱巴巴的裤子，嘴里叼着雪茄，含糊不清地说："下午好，我是 × × 供电所抄表人员。"

那位经理看了看这位营业抄表人员，以一种不可置信的态度说："老兄，头发太长了，你一点也不像个电力公司员工，该理发了，每周都要去理一次，那样看上去才会精神。领带也没有系好，衣服的颜色搭配得太不协调了，你真该找个人好好请教一番了。"后来，虽然这位经理确认了这位抄表员的身份，但他告诉抄表员，只有穿着打扮得体，才会更容易赢得别人的信任。

生活中，一些做外勤工作的电力营销服务人员常辩解说，天天都在外面跑，哪有时间换干净的衣服。虽然外勤工作是一项非常辛苦的工作，但是，一个聪明的电力营销服务人员应当知道，外表是他的第一张牌。因为，穿着打扮不同给人留下的印象也会不同。因此，作为电力营销服务人员，任何时候都不能疏忽自己的仪表。一定要尽己所能给客户留下良好的第一印象。

（3）身材与服装的质料、色泽保持均衡。

（4）太宽或太紧的服装均不宜，大小应合身。

四、案例解析

【案例 4-1】

某天，在某供电营业厅上班的黄某，上身穿着 T 恤，脚上趿着一双拖鞋来上班，客户李先生到黄某值班的柜台前咨询居民电价一事，可黄某爱理不理地说他不知道。黄某冷漠的态度让李先生非常气愤，于是，他向上级部门进行了投诉。

【案例解析】

供电服务人员上岗，必须统一着装，并佩戴工号牌。前台工作人员服务过程中的一言一行，包括衣着打扮，都代表着企业形象，也体现着个人的素质、能力和态度。

【借鉴案例】

日本营销大师原一平曾拜访美国大都会保险公司，该公司副总经理曾问他："您认为拜访客户之前，最重要的工作是什么？"

"在拜访准客户之前，最重要的工作是照镜子。"

"照镜子？"

"是的，你面对镜子与面对准客户的道理是相同的。在镜子的反应中，你会发现自己的表情与姿势，而从准客户的反应中，你也会发现自己的表情与姿势。"

"我从未听过这种观念，愿闻其详。"

"我把它称之为镜子原理。当你站在镜子前面，镜子会把映现的形象全部还给你；当你站在准客户面前，准客户也会把映现的形象全部还给你。当你的内心希望准客户有某种反应时，你把这种希望反映在如同镜子的准客户身上，然后促使这一希望回到你本身。为了达到这一目标，必须把自己磨炼得无懈可击。”

注重自己的仪表，尽量让自己容光焕发、精神抖擞，尤其要给客户留下良好的第一印象，千万不要为了追求时尚而身着奇装异服，那样只能使你的营销走向失败。只有穿戴整洁或者与你职业相称的服饰，才能给客户留下良好的深刻印象。

原一平根据自己 50 年的营销经验，总结出了“整理外表的九个原则”。

（1）外表决定了别人对你的第一印象。

（2）外表会显现出你的个性。

（3）整理外表的目的就是让对方看出你是哪一类型的人。

（4）对方会根据你的外表决定是否与你交往。

（5）外表就是你的魅力表征。

（6）站姿、走姿、坐姿是否正确，决定你让人看起来顺不顺眼。不论何种姿势，基本要领是脊椎挺直。

（7）走路时，脚尖要伸直，不可往上翘。

（8）小腹往后收，看起来有精神。

（9）好好整理你的外表，会使你的优点更突出。

第二节　眼神的运用

人们常说，眼睛是心灵的窗户，要想淋漓尽致地表达自己的内心情绪，必须运用好自己的眼神。会使用眼神的人，不但能给客户留下好印象，还能赢得客户的好感。可见，恰当地运用眼神会产生奇妙的效果。

英国剑桥大学的一个研究中心发现，眼神接触对人际关系有立竿见影的效果。研究者当时要求两组异性志愿者进行两分钟的随机谈话。对于一组志愿者，研究者要求他们数对方的眨眼次数，以诱导他们与对方进行频繁的眼神接触，而对另一组接受实验者，研究者没有提及任何诱导他们进行眼神接触的要求。随后的询问表明，那些被数眨眼次数的志愿者都反映说，觉得对方很尊重、喜欢自己，虽然对方事实上根本不了解他们，只不过是数了数他们的眨眼次数。

一位学者曾经用切身经历说明眼神接触的力量。有一次他给人做讲座，现场有几百人，一名女子很快引起了他的注意。这名女子的外表并不很特殊，但学者还是忍不住注意上了她，好像这个讲座是专门给她讲的似的。

为什么呢？因为学者发现，在整个讲座中，这名女子的视线几乎没有一秒钟离开过他的脸。就是在他陈述完一个要点做短暂停顿时，她仍旧如饥似渴地凝望着他的脸，看来她是对学者的讲座非常感兴趣。学者不禁有些陶醉了。女子的专注态度和明显的欣赏，刺激学者回忆起好多本来已经淡忘的话题和问题，滔滔不绝地讲得超出了时限。

讲座结束后，学者想到的第一件事就是去找那个非常欣赏自己讲座的新知己。他迅速地穿过离座的人群，追赶到他的“粉丝”身后，不过连说了好几声“您好”，对方就是不回头，依旧还是步履匆匆地奔大门走去。

学者无奈，只好轻轻地拍了一下女子的肩膀。女子停住了脚步，她转过身看到学者，脸上露出不解的神情。学者嘟囔了好几个“抱歉”，说发现对方听讲座时特别认真，想问她几个问题。

“您能不能告诉我，您对我的讲座印象最深刻的是哪个部分？”学者问。

“说实在的，我没怎么听清。”女子很坦率。“你在讲台上的时候，走来走去的，一会儿看东、一会儿看西，我听得特别费劲。”

这个女子其实有听力障碍，她并不像学者希望的那样对学者的讲座感兴趣。她不断用眼睛看着学者的脸的唯一原因是她试图通过读唇来帮助理解。

不过无论如何，她与学者的眼神接触还是给学者留下了良好的感觉，要是学者不那么固执地追根问底，让真相沉埋，事情本来会很完美。

除了能表达尊重和好感，眼神接触还有另外一个重要的作用，就是频繁的眼神接触能给人留下精明的印象。比起感性的人，思想深刻的人能迅速地整合所捕捉到的一切信息，他们善于从人的眼神看到内心世界，他们不会因与他人对视而焦虑紧张。

耶鲁的研究者认为他们已经掌握了眼神接触的真理。他们的实验结果是：眼神接触越多的人，精神越奋发进取。他们在实验中要求接受实验者做一番自我展示的演讲，并指示听众与演讲者保持持续的眼神接触。

作为电力营销服务人员在为客户服务的工作过程当中，一定要会使用眼神与客户进行交流，即眼神应表现出热情、友好、诚实、稳重、和蔼。

一、眼神的运用

（一）眼睛

在人际交往中，目光交流不仅可以表示对他人正在述说的事情的重视，还可以表达对他人的兴趣和喜爱。作为电力营销服务人员，在和客户谈话时，目光一定要注视讲话的人。假如，一位客户来营业厅咨询电价电费问题，接待人员回答时眼睛东张西望，表现出一副心不在焉的样子，会被客户认为对自己咨询的问题不愿意回答。

（二）目光

1. 目光注视的区域

作为电力营销服务人员，在与客户交谈时，千万不要将目光聚焦于对方脸上的某个部位或身体的其他部位，否则会造成误解和不必要的麻烦。不同场合和交往对象，目光所及之处的区别如下。

公事注视：目光所及区域在额头至两眼之间。

社交注视：目光所及区域在两眼到嘴之间。

亲密注视：目光所及区域在两眼到胸之间。

2. 目光注视的时间

一般注视时间应在交谈时间30%～60%的范围内。当注视时间低于30%时，客户会认为对他的问题不感兴趣。但高于60%时，客户会认为对他本人的兴趣高于他所咨询的问题。需要注意的是，凝视客户的时间一般不超过4、5秒，因为长时间凝视对方，会让对方感到紧张、难堪。但如果面对熟人、朋友、同事，可以用从容的眼光来表达问候，征求意见，这时目光可以多停留一些时间，但切忌迅速移开，否则会给人留下冷漠、傲慢的印象。

二、目光不良的表现

（1）别人讲话时闭眼。给人的印象是傲慢或没有教养。

（2）盯住对方某一部位“用力”地看。这是愤怒的最直接表示，有时也暗含挑衅之意。

（3）浑身上下反复地打量别人，尤其是对第一次来营业厅的客户，特别是异性，这种眼神很容易被理解为有意寻衅闹事。

（4）窥视别人。这是心中有鬼的表现。

（5）用眼角瞥人。这是一种公认的鄙视他人的目光。

（6）频繁地眨眼看人，看起来心神不定。挤眉弄眼，失之于稳重，显得轻浮。

（7）左顾右盼，东张西望，目光游离不定，会让对方觉得不专心。

三、眼神训练的方法

1. 瞪

全身放松，精神高度集中却不紧张。眼睛盯住远方的一点，越小越好，两眼集中精力，紧盯一点，不可眨眼，瞪大，如此保持，刚开始会感到眼睛酸痛流泪，忍受克服，几天以后就正常了。时间以 10 分钟达标，练到 10 分钟以后才练下一步。

2. 收功

眼睛放松片刻，自然站立，两手搓热按摩一下眼眶即可。

3. 转

头不动，眼珠向上翻到极点，而后顺时针方向极力转 9 圈，再反时针转 9 圈。刚开始练习，会感到头晕不适，要慢慢适应，等适应以后再练下一步：先盯住一个目标，以瞪法看几分钟，然后慢慢转动头部，注意眼睛紧盯不动，不能丧失目标，头部以颈为轴由小到大地顺时针运动，眼睛始终紧盯目标不眨，速度可以由慢到快，刚开始可以慢慢来，等熟练以后再加快速度，而后反时针转 9 圈。收功时，认真按摩眼眶周围穴道，把手搓热空心掌轻按眼眶，以热力煨眼睛。

4. 追

在转的基础上，眼睛瞪大不眨，盯看蚊虫飞鸟，追踪它的飞行轨迹，长期练习。

5. 激

掉一小而轻的物体，与眼同高，让其摆动，轻击眼睛部位，紧盯不惊不怕，瞪看它的运行轨迹，击到眼睛不眨。

四、案例分析

【案例 4-2】

小陈是某供电营业厅的收费员，一天，一位客户到他工作的柜台前交电费，小陈当时正在接电话，他斜眼看了一下客户，侧过脸又继续自己的通话。小陈的眼神在向客户传递什么信息？会有什么不良后果？

【案例分析】

小陈的眼神在客户看来无疑透视出冷漠之感，他的这种眼神容易使客户产生误解，是一种不尊重他人的注视形式。这种眼神在电力营销服务中是大忌，它会让客户感到被轻视、不够尊重或心术不正。继而，在后期的服务过程中，客户可能会由于小陈前期的不良行为，产生抱怨，引发投诉。

第三节　电力营销服务人员手势运用

人的手势是一种极其丰富复杂的符号，能表达一定的含义，在人际交往中起着直接沟通的作用。基本上来说，要表达一种信息，没有手或臂的参与是绝对不可能的。手势是指人们在交往中表现意见时用手所做的姿势，是最有表现力的一种“体态语言”。

手势的运用场合很多，日常生活中的招手、欢呼、鼓掌等都属于手势的范围，应根据不同地域场合和目的恰当运用，不可过度。

不同的手势传递不同的信息，体现着人们的内心活动和对待他人的态度。所以，手势动作的准确与否、幅度大小、力度强弱、速度快慢、时间长短都是有讲究的，如果使用不当，很容易让客户感到不愉快而产生误解。例如，对方向你伸出手，你也迎上去握住，这是表示友好与交往的诚意，但你若无动于衷，或只是稍稍握一下对方的手，则意味着你不欢迎客户。

一、手势的使用

跷手指：跷小拇指表示贬低、较小、较差的意思，而用食指去指别人，会让对方感到很大的压力，而且还含有贬低、轻视的意味。

挥手：两个人远远相见，挥手打招呼，或者在分手时挥手告别，一般是手举过头顶，轻轻摆动。但是，在美国掌心向下挥动打招呼是唤狗的手势。所以，遇见美国人时一定要谨慎使用。

OK 手势：拇指、食指相接成环形，其余三指伸直，掌心向外。OK 手势源于美国，在美国表示“同意”“顺利”“很好”

的意思；而在法国表示“零”或“毫无价值”；在日本是表示“钱”；在泰国表示“没问题”；在巴西则是表示“粗俗下流”；在印尼表示“不成功”。

V 形手势：这种手势是第二次世界大战时的英国首相丘吉尔首先使用的，现在已传遍世界，是表示“胜利”。如果掌心向内，就变为骂人的手势了。

作为电力营销服务人员，在与客户接触的过程中，一定要注意手的动作。交流时，千万不要把手交叉放在胸前，也不可用手玩弄衣服，否则客户会转移注意力，而营销人员的服务质量与水平也会因此大打折扣。但如果能恰到好处地发挥手势语的作用，服务质量就会因此提高，并可增强与客户交流的效果。例如，对客户介绍电价政策时，如果讲解理论时配上手势，不但能让客户更加清楚地了解电价构成，而且客户将对供电企业的服务水平更加满意。不同国家手势所代表的不同意义如下。

一位美国企业家到法国去做酒生意，在法国人的欢迎宴会上，他品尝了法国香槟。这种名酒的醇美使他连连称赞，于是，他做了一个“OK”的手势，用大拇指和食指连成一个圆圈，并伸出其他 3 个手指头。主人立刻显得很不高兴，原来，在美国这个手势是“好”的意思，而在法国西南部地区，这个手势表示商品品质低劣。幸好，助手及时提醒了他，经过解释和表示歉意后才消除了误会。

同样，有一位巴西商人到俄罗斯去做生意，经过买卖双方的努力，最终达成了协议，眼看就要签合同了，这位巴西商人高兴地做了一个交好运的手势，他把右手攥成拳头并把大拇指放在食指和中指之间。俄罗斯人见到这个手势后脸马上沉了下来。翻译赶快告诉巴西人，这个手势虽然在巴西表示交好运，但它在俄罗斯却是侮辱人的一种动作。巴西人听后连忙道歉，才不至于使一笔利润丰厚的生意因一个小小的手势而告吹。

可见，不同的手势代表不同的意义，所以运用手势时一定要注意，免得造成误会。如果能恰当地运用手势表情达意，不仅能起到良好沟通的作用，还会使企业和自己的形象更加完美。

二、案例解析

【案例 4-3】

陈某某是一位营业厅的收费人员，当与客户见面时，他发现有些客户常常两臂交叉置于胸前端坐着。这是一个肢体语言信号，那么，这样的肢体语言在向外传递什么信息？

【案例分析】

也许对方只是因为有点冷才两臂交叉置于胸前，为了更准确地分析，应该结合其他客观条件。当然，这个肢体语言通常意味着防御和提防。尽管有时客户这么做是因为这样的姿势比较舒服，但通常而言，两臂交叉置于胸前意味着他内心抵触你所说的话。无论如何，假设客户确实是在抵触你说的话，你要想方设法做些努力。首先，你不妨与他们进行眼神交流，让他们感受到你在乎他们以及他们的需求。然后，不妨为他们的手找些事做，拿一本小册子、一支钢笔、一张纸等。当然还可以请他们记录些东西，但不要操之过急立刻把记录本给他。你最好停顿一下，同时仔细观察。当你打开他封闭的肢体语言后，慢慢地他的思想也会随之为你打开。

第四节　电力营销服务人员语言特性

语言是电力营销服务人员与客户最直接的对话，对供电企业的形象至关重要。作为电力营销服务人员，学习语言非常重要。

一、电力营销语言的基本特征

营销语言是应用性行为语言，其特定的使用情境、使用对象，决定了它除具有一般语言的特点之外，还具有以下特征。

（一）目的性

所谓目的性，就是说话者的主要意图。营销语言往往具有明显的目的性，从和客户打交道开始，其目的性就是宣传企业、推销产品。在开口说话前，其思维就有活动。如怎样说，会产生什么效果，自己将怎样应付，等等。决不能毫无目的地乱开口，只要一开口，就要影响客户的思维和行为，就要产生社会效果。

在一般情况下，营销语言的目的比较单一。例如，在某个时间、某个场合、对某个人说什么样的话，目的相当明确，只要获得了期望的效果，目的就达到了。

（二）真实性

营销语言的真实性，一方面指的是语言内容的真实、确切，介绍产品实事求是，不能含混不清、模棱两可。另一方面指的是感情真挚、满腔热情地接待每一位客户，不能虚情假意、油嘴滑舌。

语言的真实性是营销语言的基本特征，也是对营销人员的基本要求。作为电力营销服务人员，就是要通过和客户的沟通，使客户建立起对供电企业的信任。而人的信任感形成往往有一个过程。信任是确信电力产品具有真实性后的一种感觉和观念。

在一定条件下，电力营销服务人员可以运用语言，夸张地表达其对电力产品的感受，但决不能胡编乱造，不能欺骗、愚弄公众。真实是取信于民、取信于社会的基本前提。

（三）时代性

电力营业厅作为窗口服务部门，是连接供电企业与客户，沟通地区之间、城乡之间、工农之间关系的桥梁和纽带。集结了人类社会一切文明成果，作为思维和交流工具的语言，在电力产品上的运用是最富有时代性的。社会的政治、经济、文化的发展变化，都可以通过电力营销服务人员的语言集中地表现出来。陈旧过时的语言被淘汰，新的语言逐渐产生并传播出来。例如，老板、师傅、女士、先生等人际称谓，在电力营销服务人员的语言中经常被运用。

（四）艺术性

其实，电力营销语言不仅是为企业活动服务的工具，而且也是一门艺术。营销语言的艺术性是营销艺术的具体体现。营销语言的艺术性表现在接待客户、指导客户、引导客户等具体的电力营销活动当中，尤其集中地体现在企业与客户的交往中。例如，供电企业的宣传语“你用电、我用心”，就是用直白的语言体现了电力营销的艺术性。如果说话缺乏艺术性，无所忌讳，就会自讨没趣。

有一位日用化工厂的营销员，他到一个研究所里去推销“染发”“防皱”美容化妆品。但他没有成功，原因是他的言语引起了人们的反感。他是这样说的：“人过四十，头上的白发一天比一天增多，脸上的皱纹一天比一天粗，正一步步向衰老迈进。今天我给大家带来了几种美容商品，虽无返童之力，但总可帮助大家遮遮丑……”客户越听心理越不是滋味，讪笑着说：“算了吧！人越老学问越多，也许越懂礼貌，还是听任白发和皱纹自然地增添吧！”说完，都生气地走了。

可见，如果语言没有艺术性，不会说话，不但会得罪客户，还会丢失赚钱的机会。

（五）直接性

大量的营销语言存在于营销者与客户的交流中，营销语言与书面语言有许多不同之处。一般情况下，书面语言错了，还可以修改过来，但营销语言在很大程度上是表达与感受同步，即具有即时性。这一特点说明，做好电力营销工作，赢得客户满意不是轻而易举的，也说明了学习和掌握营销语言的必要性。

（六）应交性

电力客户类型各种各样。不同客户的心理需求不同，他们对营销服务人员的语言要求也不尽相同。所以，电力营销服务人员面对不同文化、性格、经历的客户所使用的语言也各不相同。例如，对老年客户、少年儿童，要用耐心细致的语言。对青年客户，多用富于时代性的语言。

常用的服务用语：

（1）您好，请坐，请问您需要办理什么业务？

（2）请稍候，我们马上为您办理！

（3）再见，您慢走！

（4）打扰了，再见，谢谢您的合作！

（5）别客气，这是我们应该做的！

（6）您好！我是××供电公司（局）的××，现在来抄表（收费 装表 换表等），请给予支持和配合！

（7）您好！××供电公司（局）×号为您服务，请您稍候，我们将立即派人前去修复。

（8）您好！因为线路检修（或线路故障），导致您那里停电了，请谅解。大约会在×时送电。

（9）（与客户交谈时）您好、请、谢谢、麻烦、再见、打扰了。

（10）（工作出现差错时）对不起，是我不对，请原谅，欢迎您多提宝贵意见！

二、电力营销语言运用的原则

（一）多采用请求式语句

命令语句是说话者单方面的意见，它没有征求客户的意见，就要求客户同意，而请求式的语句是尊重对方，以协商的态度请别人去做。作为电力营销服务人员，一般应多采用请求式语句。例如，客户问，“今天我填写了用电申请表后，我们家几天可以有电呢？”受理人员回答，“你在家等通知吧。”这种回答是明显的命令式，它会令客户不满意，继而可能引发投诉。

（二）多用肯定语句

严格地讲，工作中尽量避免使用否定语句。在很多场合，肯定句是可以代替否定句的，且效果往往出人意料。例如，某客户问电力营销服务人员：“这两天，我们家的空调老是启动不了，这是什么原因？”营销人员答：“不知道。”但如果回答：“目前是电力使用高峰期，错峰使用，能够减少您家电费的支出”。这便是肯定的回答。虽然两种回答都承认是因为客户用电多，电压低，空调启动不了，但否定让人感到是拒绝，而肯定给人一种温和的感觉。

（三）边说边看客户的反应

电力营销服务人员说话时切忌演说式的独白，应一边说，一边看客户的反应，提一些问题了解客户的需求，以确定自己的说话方式是否合适。因为电力客户千差万别，性格、年龄、职业、兴趣、爱好都有所不同，因此在工作的过程中要因人而异。

（四）言词生动，声音悦耳

时代在不断进步，作为电力营销服务人员，必须跟上时代的发展，以现代流行的言词与客户讲话，才能打动电力客户。例如，20 世纪 50 年代，人们的称呼都是“同志”，以后又变为“师傅”，现在则称“先生”“女士”。

声音优美动听，讲究抑扬顿挫，这样听起来，才不至于使人感到枯燥无味。对此，电力营销服务人员必须进行声音训练。

（五）说话要看语境

一般情况下，总是在特定的情景氛围中说话。因为语境直接影响说话双方的情绪乃至说话效果，所以，电力营销服务人员一定要刻意创造、追求良好的情境氛围。应随着语境的变化选择语言方式，例如，轻松的、热烈的、详尽的、简略的……如果说话内容或方式不合事宜，必遭客户“侧目”，也容易遭到客户投诉。良好的情景氛围有助于语言轻松明快，说话人心情愉悦，也有助于客户接受信息。

（六）主动把握双方语言交流的对接点

电力营销服务人员服务的过程其实就是语言交流的过程，如果能把握客户语言的对接点，就能恰当地理解客户要表达的意思，给客户以明确的答复和指导，提高客户满意度。

服务中禁语

（1）客户讲话时轻易打断客户、插话或转移话题。例如："你先不要说话，听我讲完再说。""你能不能先听我说？""你清楚还是我清楚啊？"……

（2）解答过程中使用过多专业术语。

（3）与客户发生争执。

（4）训斥、谩骂或侮辱客户。例如："这么简单都不知道！""连这个你都不会用啊？""不会用就别用！"……

（5）与客户闲聊或开玩笑。

（6）频繁使用口头禅、非礼貌性语气助词，如：你、干嘛、喽、嘛、嘿、唉、喂……

（7）使用责问、反问、质问的口吻向客户发问，如："你不是要查××信息吗？""你到底要查什么？""你难道不清楚自己到底要查什么信息吗？"……

（8）用语言顶撞客户，不耐烦或对客户提出的问题沉默不理，如："急什么，喊什么，等一下。""没有就是没有，你问我，我问谁？""有完没完，真烦人。""刚才不是跟你说了，怎么又问？""你快点讲！""要我说多少遍你才明白啊？""听不到，大声一点。""喂，再不说话我就挂了。"……

（9）听不清楚对方声音，但在未向客户告知的情况下，直接挂机。

（10）使用怠慢拖延语言，例如："这个得让我找找。""这个问题我得想想。""回头你再打来吧。"……

（11）对无法确定的问题，避免模糊语，如："应该是""大概……""你说的是那个叫什么……的吧？"……

（12）非职能范围内的问题推拖，如："这个跟我们没关系。""我们不管，你去找别的部门。"……

（13）客户发表自己看法或对服务态度不满意时："随便""你不懂""我就这态度，你又能怎么样？""不想用就别用。""要找领导，随你便。""这不是我的错，没这回事。""要投诉你就去吧，我还怕你？"……

（14）系统反应较慢或出现故障时："系统/网页打开较慢。""系统出现故障了，我也没办法。""你要的信息在资料库里信息太多，查找很慢。"……

（15）客户反映回答的信息出现错误："我们这里就是这样登记的。""你不相信问别人去。""你不是清楚吗？干嘛还问我？"……

（16）避免使用"不"（除违反国家相关法律或公司营业守则以外的情况），如："不知道""不行""不可以""不能""不清楚"……

三、电力营销语言要求

（一）和气

电力营销服务人员在受理客户申请时，态度一定要热情，要尊重客户，做到和颜悦色、心平气和、不强词夺理、不声色俱厉、不挖苦讽刺、不侮辱谩骂、不怠慢电力客户，尽量让客户感受到服务人员的稳重与热情。特别注意的是，不直接与客户顶撞。

（二）文雅

服务客户时，态度要亲切，说话要讲究方式，言词要生动、形象，比喻应恰当，给客户以生动的印象。

（三）谦逊

服务客户时，应谦和、礼让、友好而不傲慢。不看客户的外表，不因大小客户而表示出贫穷或者富贵分别对待，要一视同仁，一样周到的为客户服务。

（四）言之有礼

电力营销服务人员使用礼貌语言，既是对客户，也是对自己尊重的表现，同时，又是融洽与客户关系的基础。

（五）表达恰当

作为电力营销服务人员，说话时，一定要恰当、用词精准，说话要注意分寸，不要说与工作无关的话，不打听客户的职务、年龄等可能涉及个人隐私的内容。

（六）普通话标准

我国地域广阔，有许多土语方言，电力营销服务人员必须学好普通话，并义务地推广普通话。同时，还要懂一点地方的方言，使自己能适应各地客户的语言，即使不会讲，也应能听懂。

会话规范要求：

（1）语言表达准确简洁、言简意赅，有逻辑、有条理。

（2）上班时间使用标准普通话。当客户听不懂普通话或客户不愿使用普通话时，可使用方言。与客户会话时应亲切、诚恳、谦虚，有问必答，能给人闻言三分暖、见面倍感亲切的感觉。

（3）与客人交谈时，要专心致志，认真倾听，面带微笑，不能目光呆滞、反应冷淡，不随意打断客人的话语。

（4）使用文明礼貌用语，严禁说脏话、服务忌语。

（5）尽量少用生僻的电力专业术语，要用通俗易懂的语言表达，以免影响与客户的交流效果。

（6）语音清晰，语速适中。当遇到说话慢的客户时，要适当放慢语速。

（7）如工作发生差错，应及时更正并向客户道歉，虚心接受客户的批评，耐心听取客户的意见，诚恳感谢客户提出的建议。

（8）不得与客户发生争执，更不能顶撞和训斥客户。

四、案例解析

【案例 4-4】

某天，客户李某去某供电所营业厅办理电费交纳业务，客户服务代表打开计算机，可电脑一直启动不了，于是客服代表对客户李某说："真不好意思，我们前台系统经常死机。"这种回答会给客户留下不好印象。客户会认为，这供电公司计算机经常出问题，继而会想，为什么不把它修好呢？这种情况下应该怎么说？

【处理方法】

要说："对不起，给您带来了不便，我们的计算机系统正在升级，我们会记录下您的资料，待系统恢复后马上为您办理。"

【借鉴案例】

某天 20:00，501 房间刚入店的客人站在门口叫："服务员，我的钥匙怎么打不开门？"

服务员答道：

（1）"请给我试一下好吗？"服务员接过钥匙一试，门开了，服务员回答客人："可能刚才是您使用不当，您看，门现在开了。"

（2）"请给我试一下好吗？"服务员接过钥匙，边试边说："您将磁条向下插进门锁，待绿灯亮后立即向右转动把手，门就可以了。"门开后，服务员将钥匙插入取电牌内取电。

点评：第一种处理方式太直截了当，让客人面子上过不去，而第二种方式服务员不动声色地纠正了客人不当的使用方法，既帮助了客人，又让客人免于尴尬，体现了星级服务的风范。

第五章

电力营业窗口服务

第一节　电力营业窗口服务标准及风险认识

供电营业厅是供电企业为客户办理用电业务需要而设置的固定或流动的服务场所。所以，电力营业厅承担着向客户展示供电企业良好礼仪素质和供电企业形象的重要责任。热情、周到、细致的服务，合理的布局，以及整洁舒适的营业环境会使客户有宾至如归的感觉。

一、营业厅服务的内容

（一）受理电力客户新装或增加用电容量、变更用电、业务咨询与查询、交纳电费、报修、投诉等。

（二）设立值班主任，安排领导接待日。

（三）县级以上供电营业场所实行无周休日。

二、营业窗口服务特征

（一）窗口服务是焦点服务

电力营业窗口人员在给客户做服务的时候，客户会从视觉、听觉、感觉上高度集中和关注营业人员所提供的服务。这样的高度感知、高度集中、高度关注形成了一个焦点。正因为关注到这样一个焦点，服务就带来了两种情形：一种是客户满意，另一种是客户不满意。

（二）窗口服务时间短，要求高

时间短的含义就是方便、快捷、所用的时间短，但对服务质量的要求却比较高。例如，客户办理新装，希望去以后业务能办理的快而且准确等。

（三）要求规范，容易发生随意服务

要求规范是指面对客户时，作为电力营业窗口人员应当说什么、做什么，有一个规范化的流程。但在实际过程当中，很多营业人员的服务是很随意的。例如，营业厅业务受理人员，每天面对很多客户，一看见有客户来，就简单问一句，“干嘛？”客户拿着申请单，受理人员用手一指，“填单”吧，行为简单随意。

（四）易满足，容易被投诉

电力营业窗口服务每天要面对很多客户，他们不仅要满足客户的不同需求，同时窗口在满足需求的背后，又很容易被投诉，这是由窗口服务的特征所决定的。

（五）窗口服务区别于其他服务的特点

（1）高专业要求。

（2）集中性。电力营业窗口服务一般是在特定区域、特定地方所提供的服务。

（3）指定性。客户到指定的地方办理业务。

（4）集中关注。社会发展、客户的要求，以及社会文明的不断推进，决定了营业窗口服务水平的好与坏容易受到客户，乃至全社会的关注。

（六）窗口服务的新趋势

（1）随着营业厅服务环境的变化，窗口服务呈现新趋势。柜台由高到低，由在玻璃窗后面办公，变为直接与客户面对面交流，以期望拉近与客户之间的距离。

（2）服务距离由远到近。原来客户到电力营业厅办理业务，客户与营业人员相隔很远，现在是近距离的、面对面的服务。

（3）服务更加人性化、科学化。随着电力市场化，客户被放到了非常重要的位置，把满足客户的要求和需要作为服务追求的目标。

三、营业窗口服务行为标准

（1）窗口工作人员按要求统一着装，佩戴贴有照片的胸牌和摆放贴有照片的台签，并标明工号、职务。工作中使用文明用语，衣着整洁、举止大方、态度和蔼，维护窗口良好形象，达到优质文明服务的要求。

（2）服务态度主动热情、态度诚恳、行为文明、服务周到。接待服务对象时，主动打招呼，并请其就座，然后再为其办理手续。

（3）服务对象咨询有关问题时，耐心倾听，全面细致地解答，对服务对象没有提到而在办理过程中可能涉及的问题也要一并讲清。要做到耐心热情、百问不厌，不准冷落、刁难、训斥和歧视服务对象。

（4）接待服务对象要做到“四个一样”，即干部与群众一样尊重，生人与熟人一样热情，忙时、闲时一样耐心，大件、小件一样对待。

（5）要实行“五心”服务，即静心、热心、耐心、专心、细心。在任何情况下都严禁对服务对象闹情绪、耍态度，当服务对象提出意见、建议和批评时，要冷静倾听，耐心解释，不争辩，做到有则改之、无则加勉。

（6）“四个一”制度接待标准规范。

1）第一次接待客户时，双手递送一张服务联系卡。

2）接受客户咨询时，双手递送一张用电业务指南。

3）受理客户申请时，双手递送一张承诺服务监督卡。

4）客户离开时，双手递送一张征求意见卡。

5）行为规范标准：姿态端雅、自然大方。

①仪表：精神饱满、衣着整洁。女同志化妆要大方适度，佩戴饰品要庄重得体，不留与身份不符的发型。男同志不留长发、胡须。

②行走：挺胸抬头，目视前方；不插兜、不搭肩。

③坐姿：腰杆挺直，双腿并拢或平行，不抖脚、不斜坐、不仰坐、不趴坐、不掂脚跟，不用胳膊支头。

④站立：双腿挺直，并与肩垂直，腿不交叉。

⑤说话：抬头目视对方，表情平和，声音适中，不斜视，不左顾右盼。

⑥喝水：不当着服务对象面喝水，水杯放在柜内。

⑦找人：用内线电话或到对方面前，不喊叫。

⑧递材料：亲手交到对方手中，不得扔、丢或放到台面上。

⑨领导视察或检查：起立站直，面向领导，表情温和，目送离去。

6）接待用语标准规范：文明礼貌、态度和蔼、语气亲切、表达清楚。接待服务对象应使用普通话。

①接听电话时：电话铃响三声以内要迅速接听，接听时首先讲：您好，我是××电力公司，请讲。

②接待服务对象时：见到服务对象要主动打招呼，办理完毕后要说再见。打招呼时讲：您好，请讲或请坐（什么事）。

③麻烦服务对象时要讲：谢谢您或给您添麻烦了。

④解答咨询结束时要讲：请问您有没有不明白的地方？还有什么不清楚的地方？

⑤发放用电业务表格时要讲：请问您会不会填写？有没有不明白的地方？

⑥需补充材料时要讲：您还缺××材料，请您补充。

⑦材料需要修改时要讲：对不起，您的材料××处需要修改。

⑧在服务对象人多时要讲：请稍候，我马上给您办理。

⑨工作出现差错时要讲：对不起，由于我的工作失误，给您增添了麻烦，很抱歉。

⑩应到别的窗口办事时要讲：请您到××窗口办理。

⑪核准申请事项时要讲：您看这样可以吗？

⑫收费时要讲：请您核对一下，是否有差错？

⑬遇到本人无法回答的问题时要讲：对不起，请稍等，我帮您问一下别的同志；或者把服务对象指引到应去的窗口。

⑭服务对象离开时要讲：这是我的电话，有事请联系，请走好或再见。

⑮当服务对象提出意见或建议时要讲：谢谢您，欢迎您监督和帮助。

⑯当受到服务对象表扬时要讲：没关系，这是我们应该做的。

7）禁止使用“不知道、不管、少啰嗦”等生、冷、硬、顶等有伤感情，激化矛盾的语言。

8）严格遵守作息时间，严格考勤和请、销假制度，按时上下班，不脱岗，不空岗。

9）窗口工作人员在工作时间做到“十严禁”，即：严禁吸烟；严禁吃零食、不嚼口香糖；严禁说笑打闹；严禁大声喧哗；严禁乱串岗位；严禁玩游戏或上网聊天；严禁扎堆聊天；严禁在窗口看书、看报；严禁议论服务对象及指指划划；严禁传播流言蜚语。

第二节　窗口服务案例剖析

在营业窗口服务工作中，一些营业人员，虽然思想素质高、业务能力强，但有时也会让客户感到不舒服。为什么？就是因为缺乏服务方法。是否具有高水平的服务，是衡量服务是否主动与规范的标志。也可以说，客户在与营业窗口服务人员的接触中，感受最多、最深的就是服务方式。营业窗口服务人员一个冷漠的表情、一个善解人意的微笑、一个粗鲁的动作、一句热情的话语，客户都会感受到。一次小小的努力，一个小小的失误，都会产生难以想象的后果。

因此，要提高电力营业窗口人员的服务水平，就必须加强对服务人员的培训，提升服务水准。

一、营业窗口易发生的服务纠纷

（1）办理业务让客户等待的时间过长。例如，办理收费业务时间过长，办理客户用电业务的时间过长。

（2）态度不好，因业务问题与客户发生争执，或者不能妥善解决客户提出的问题。

（3）业务不精，解决不了客户提出的问题。

（4）缺乏沟通技巧，与客户发生言语或肢体冲突。

（5）未按规定上班时间，或提早下班，营业厅无人值班等。

（6）受理客户业务时，推诿、塞责，态度冷漠。

（7）对特殊人群照顾不周。

二、营业窗口服务

（一）观察

接待客户时，首先要观察客户。主要从年龄、服饰、语言、身体语言、行为、态度等几个方面去观察。对不同类型的客户提供的服务应不同。例如，对待烦躁的客户，要有耐心，要温和地与他（她）交谈；对待有依赖性的客户，态度要温和，要富于同情心；对待不满意的客户，要坦率、有礼貌，并保持自控能力。

当与客户接触时，与客户的目光接触必须使用一定的方法，千万不要回避与客户的目光接触，否则会让客户觉得不可信任。

目光接触区域划分：

一般按照“生客看大三角，熟客看倒三角，不生不熟看小三角”的原则。“大三角”是指以肩为底线，头顶为顶点的大三角形。“小三角”是指以下巴为底线，额头为顶点的小三角形。“倒三角”是指以两眼为底线，鼻子为顶点的倒三角形。

注意：观察客户时表情要轻松，不要扭扭捏捏或者紧张不安。不要表现太过分，像是在监视客户或对他本人感兴趣。如果客户是匆匆忙忙进来的，或者他说话很急，一般情况下，应是他的时间很紧张，营业窗口服务人员要尽快给他办。否则，对你意见最大的也许就是他。

心理学实践表明，人们视线相互接触的时间，通常占交往时间的 30%～60%。30%～60%表示彼此对对方的兴趣可能大于交谈的话题；低于 30%，表明对对方本人或谈话没有兴趣。视线接触的时间，除关系十分密切的人外，一般连续注视对方的时间在 1～2 秒钟，美国人习惯 1 秒钟。

（二）倾听

相关统计显示，一名不满的客户背后有 25 个不满意的客户，24 人不满意但不投诉，6 个有严重问题但不发出抱怨声。投诉者往往比不投诉者更有意愿继续与公司保持关系；投诉者的问题得到解决，会有 60%的投诉者愿与公司保持关系。如果迅速得到解决，会有 90%～95%的电力客户会与公司保持关系。

倾听的方法：倾听的时候要学会克制自己。即便客户谈的是一些无关紧要的事，也要学会克制自己，要耐心地听，多让客户说话。二是要带着真正的兴趣去听客户在说什么，千万不要在听的时候显得漫不经心。理解客户说的话，是让客户满意的惟一方式。为了让客户感到服务人员在认真、专心地听，营业窗口服务人员应始终保持与客户目光接触，观察客户的面部表情，注意客户的声调变化，集中精力，让客户在你脑子里占据最重要的位置。如果条件允许，最好边做笔记边听，让客户感到他的话已经引起你的足够重视。听完后，还应不时地问一句："您的意思是……""我没理解错的话，您需要……"以印证你所听到的是否正确。

（三）微笑

营业窗口服务中最有效的表情莫过于微笑。微笑是一种人人皆知的世界语。微笑传达的信息常能促进双方沟通，融和双方感情。例如，当谈话取得一定效果、谈判达成一定协议时，双方会会心地微微一笑。航空公司的空姐每天都要接受微笑训练。她们要在教官的指导下进行长达六个月左右的微笑训练，训练在各种乘客面前、各种飞行条件下保持微笑。这足以说明微笑对人际交往的突出效果。

美国密西根大学的心理学家詹姆斯·麦克奈尔教授谈到，有笑容的人在管理、教导、推销上更能成功，更可以培养快乐的下一代。真诚的微笑不但可以让人们和睦相处，也能给人带来极大的成功。

美学家认为，在大千世界万事万物中，人是最美的，在人的千姿百态的言行举止中，微笑是最美的。

1. 微笑表现的要旨

（1）心境良好。面露平和欢愉的微笑，说明心情愉快，充实满足，乐观向上，善待人生，营业窗口服务人员只有保持微笑才会产生吸引客户的魅力。

（2）充满自信。面带微笑，表明对自己的能力有充分的信心，以不卑不亢的态度与人交往，使人产生信任感，容易被客户真正地接受。

（3）真诚友善。微笑反映自己心地坦荡，善良友好，待人真心实意，而非虚情假意，使人在与其交往中自然放松，不知不觉地缩短了心理距离。

（4）乐业敬业。工作岗位上保持微笑，说明热爱本职工作，乐于恪尽职守。在营业窗口服务岗位，微笑更是可以创造一种和谐融洽的气氛，让客户倍感愉快和温暖。

2. 微笑的基本做法

不发声，不露齿，肌肉放松，嘴角两端向上略为提起，面含笑意，亲切自然，使人如沐春风。其中亲切自然最重要，它要求微笑出自内心、发自肺腑，而无任何做作之态。

3. 训练微笑的方法

（1）初级微笑找一支粗细适中的笔，用牙轻轻横咬住，然后对着镜子，试着摆出普通话“一”音的口型，注意尽力抬高嘴角两端，下唇与上唇迅速并拢，不要露出牙齿。这个口型就是合适的微笑。相同的动作反复练习几次，直到感觉自然为止。

（2）情绪忆法借助“情绪记忆法”帮助训练微笑。即把生活中最高兴、最有趣事情收集起来。每当需要微笑时，想想那些快乐的事情，脸上自然就会流露出笑容。

（3）理智训练微笑是电力营业窗口服务人员职业道德的内容和要求，必须坚信“客户是上帝”“客户至上”的理念，即使生活中有不愉快的事情，也不能带到客户面前，要学会控制自己的情绪，学会过滤烦恼。

（4）高级微笑是发自内心的，不仅嘴唇要动，眼神也要含笑，即口眼结合。训练时，可以用一张厚纸遮鼻子以下的部位，然后对着镜子练习微笑的眼神，直到看到眼中含笑为止。

学会了微笑，但还是笑不起来，那是为什么呢？

谁偷走了你的微笑？

事例一：早班会上，主任点名批评我的服务没有做好，真烦。——工作中的烦恼偷走了你的微笑。

事例二：昨天那张单子，我没有处理错，班长硬说我处理错了，真烦人，我又不能争辩。有时你甚至都不知道自己在要求什么。——人际关系偷走了你的微笑。

事例三：今天真倒霉，早上下来，家里停水，跑到楼下提水上来漱口，牙膏又没有了，妈妈还在唠唠叨叨，上班的路上又塞车，赶紧赶慢还是迟到了，偏偏又被领导撞上，结果挨了一顿批，你说倒霉不倒霉。——生活琐事偷走了你的微笑。

怎么防止别人偷走你的微笑呢？

一是安装过滤器。安装一个情绪过滤器，把生活中、工作中不愉快的事情过滤掉。

二是运用幽默。遇到烦恼的事情从反面想，往往可以化解你的情绪，幽默甚至使事情出现转机，而且幽默感不是天生就有的，是可以通过练习获得的。

三是直接面对。这可能意味着要做一个不想做的道歉，要发动一场讨论来修复你宁愿忘掉的某个关系，或者要压抑自尊心，但是可以帮助你迅速解决问题，使你恢复轻松。

（四）沟通

在电力市场中，供电企业的产品虽然具有自然垄断性，但这并不意味着电力产品就能得到市场认可，获得客户满意度。很多人都读过“把梳子卖给和尚”的故事：第一个人只知道跟和尚推销梳子如何如何好，结果只卖出一把梳子。而第二个人却另辟蹊径，说前来庙里上香的香客们远途而来，头发难免会被吹乱，这样子上香有些不敬，如果庙里备有梳子，供香客们梳洗，那就好多了，因此，他推销出去了十把。而第三个人则突破了传统思维限值，梳子除了用来梳头发还可以做什么呢？可以做纪念品。如果在上面刻上“积善梳”三字，其意义又非同寻常了，根据不同的香客身份赠送不同品种的梳子，市场也就更为广阔了，他因此推销了一千把梳子。

第三个人的推销成绩之所以远远胜过前两位，就是因为他善于有效沟通，他能将产品的价值和利益很好地传达出去。因此，电力营业窗口服务人员应学习有效沟通。

与客户沟通方法：

首先，摸透对方的心理，只有了解掌握对方的心理和需求，才可以在沟通过程中有的放矢。其次，记住客户的名字，可以让对方感到愉快且能有一种受重视的满足感，这在沟通交往中是一项非常有用的法宝。第三，学会倾听。在沟通中要充分重视“听”的重要性，在善于表达自己观点与看法的同时，要善于听客户的倾诉。第四，培养良好的态度。在沟通时，要投入热情，要像对待朋友一样对待客户。

（五）运用身体语言

身体语言是一种无声的语言。人们在交往时从对方获取信息的比例：语言占 7%，语气占 38%，身体语言占 55%。因此，身体语言是一种更有效的语言。诗人徐志摩曾专门写诗赞美日本女子温柔典雅的神态。

那一低头的温柔
像一朵水莲花不胜凉风的娇羞

仅仅是一低头，一个温柔、典雅、谦和的日本女子的神态，一下表露无遗。可见体态语言表达的内容是十分丰富的。

身体语言一般分为头面部、手势、身体的姿态与动作三大部分。身体语言内容繁杂众多。作为电力营业窗口服务人员，工作中应做到以下几点。

头部：在接待客户时，身体要挺直、头部要端正，表现的是自信、有精神的风度；客户有困难时，头要向前，表示在倾听、同情和关心；当答应、同意、理解和赞许客户时，可轻轻点头。

眼睛：在接待客户时，按照“三角原则”正视客户，不要仰视，千万不要斜视和俯视客户。

嘴部：当听客户表达时，嘴唇微微闭拢，表示和谐宁静、端正自然，不要噘着和紧绷双唇。

手部：如果在桌子后面，手心向下，自然放在桌子上，表示坦诚直率、善意礼貌、积极肯定，不要有其他不良动作。身体姿势一定要端正，不要靠一只脚支撑，斜站或歪站。坐着也一样要端正，不要仰靠椅背。

运用身体语言有“三忌”：

一忌杂乱。例如，摸鼻子、随便搓手、摸桌边等。

二忌泛滥。例如，两手在空中不停地比划、双腿机械地抖动等。

三忌卑俗。卑俗的身体姿势，就像街边的乞丐在乞讨着什么，视觉效果很差，非常损害自我形象。

总之，要像掌握说话方法一样从具体的场合、对象和表达内容出发，灵活地运用，才能成为一个“文质彬彬”的优秀电力营业窗口服务人员。

孔子说："质胜文则野，文胜质则史。文质彬彬，然后君子。"意思是说："一个人具有良好的品德，但不讲究举止、礼节，就显得粗野；只讲究举止、礼节，而没有良好的品德，又显得虚伪；只有既注重学识品德的修养，又讲究仪表礼节、举止文雅的人，才是值得尊敬的君子。"

三、营业窗口投诉处理

只要妥善处理好电力客户的投诉，并重新使电力客户满意，企业不仅能增强客户忠诚度，而且能化投诉为商机。处理客户投诉注意事项包括以下四种。

（1）了解自己的身份，随时准备提供帮助，绝对不用"不关我的事，不是我们部门负责"来推卸责任。

（2）当电话必须交给另外一个同事处理时，要尽量减少客户的等候时间，并向那位同事提供已知的所有信息。

（3）不要与投诉的客户进行争论或辩论。要承认问题已经发生并尽量站在客户的立场考虑问题。要使用礼貌用语称呼客户。

（4）不要总和客户说这点做不到，那点做不到。要记得向客户强调可以提供帮助的地方。

处理客户投诉的步骤：

按照多谢客户、聆听问题、道歉、让客户说出你想知道的事情、有为客户解决问题的办法、解决问题等步骤进行。

遵守黄金守则：你想别人怎样待你，你就怎样去待人。

四、案例解析

【案例 5-1】

某月 3 日，客户陈某向某供电营业厅窗口递交了一户一表新装设计资料，客户代表小李收件后告知陈某，20 个工作日内答复图纸审核结果。客户代表小李收件后按规定录入了电力营销管理信息系统，并将资料转至审图组织员小海签收。小海签收后通知技术员何某与客户陈某 7 天后告知审图结果。10 日，客户陈某如期前来，但技术员何某没来，电话也联系不上，小海只好通知客户改期。到了 25 日，客户陈某再次来到营业厅找到客户代表小李，询问："我的图纸审好了吗？上次我来的时候，你不是说 20 个工作日内就有结果吗？"小李爱理不理地说："我上次收完资料后已经转给审图组织人员，具体审核情况我也不知道，你去二楼办公室问问吧。"陈某恳求说："他上次通知过我，但那个技术员没来，后来再也没有通知我，你帮我问一下吧？"于是，小李帮其打电话询问。组织员小海答复因技术员何某联系不上没有安排。次月 15 日，小海联系班长，该班长说何某请假，安排小郑参加 19 日审图，可是，19 日，小郑不知什么原因也没有按期审图，直到 27 日，客户代表才通知客户何某前来审图。陈某不高兴，于是，将自己的情况反映给了 95598 客户服务热线。

【案例解析】

上述案例中，该公司业务流程混乱，人员补位机制缺失，在人员因故不能及时处理业务时，相关人员未能及时做好交接补位工作。同时，作为电力窗口营业服务人员，主动服务意识明显不足，虽然在客户的请求下为客户打了电话进行询问，但明显存在推诿情绪。而审图人员无视审图时限，没有在规定时间内解决问题，也未向自己的上级领导反映，导致客户投诉。

【处理方法】

（1）主动服务。当客户陈某向客户代表小李提出疑问和不满时，小李应带领客户前往相关部门解决。

（2）实施考核。出台超期项目的考核制度，落实到位，促使后台人员提高对业务时限的警惕性。

（3）重要岗位实施 A、B 角岗位替换。请假人员应主动提前告知相关业务人员其请假时间与替补人员。

【借鉴案例】

在一个周末的黄昏时刻，希尔顿酒店来了一对老夫妇，他们问希尔顿前台服务人员：“有没有房间啊？”前台服务人员说：“真抱歉，今天是周末，没有房间，如果您早点定就好了，不过，我们附近也有些不错的酒店，要不我帮您问问？”老先生说：“那好。”前台服务人员先是掏出一个卡片，签了个字说：“给您。这是免费咖啡券，您们先到大堂坐一下，喝点咖啡，我现在帮您查附近的酒店。”不一会儿，前台服务人员出来了：“好消息，后面喜来登还有一个房间，等级和我们酒店是一样的，并且便宜 20 美元，请问您需要吗？”老先生坐在那里说：“要。”“行，那您先慢慢喝，我去帮您确认。”过了一小会儿，前台服务员又来了：“喜来登酒店接您的车快到了，不过，您们慢慢喝，我会叫他们等。”老夫妇俩立刻端起杯子，一口喝完了剩下的咖啡。喜来登车子到了，老太太先上去，行李也送上了车，老先生上车时说：“下次来，我一定住希尔顿酒店。”

第六章

业扩报装服务

第一节　业扩报装服务流程及要求

作为供电企业的售前服务，业扩报装人员的工作速度、办事效率、服务水平，以及业务技能，直接关系着企业的经营效益。业扩报装又称为业务扩充，简称业扩。它的主要含义是，供电企业接受客户新增用电申请后，根据电网供应能力等实际情况，按照相关规定，为客户办理供电相关服务业务，以满足客户扩充用电的需求。

一、服务流程及内容

（一）业务受理

客户用电业务受理，收集客户用电需求的有关信息资料，深入了解客户用电现场，了解客户现场情况、用电规模、用电性质以及该区域的电网结构，进行供电可能性和供电合理性调查，然后根据客户的用电要求和现场调查情况以及电网运行情况制定供电方案。根据确定的供电方案，一方面组织因业务扩充引起的供电设施新建、扩建工程的设计、施工、验收、启动；另一方面组织客户内部工程的设计、施工审查，以及针对隐蔽工程进行施工中间检查，最后组织客户内部工程的竣工验收。竣工验收后负责与客户签订供用电合同，组织装表接电。装表接电后立即将客户有关资料传递相关部门建立抄表、核算等卡账。最后建立客户户务档案，进行日常营业管理。

（二）现场勘查

现场勘查前：勘查人员应预先了解待勘查地点的现场供

电条件，与客户预约现场勘查时间，组织相关人员进行勘查。对申请增容的客户，应查阅客户用电档案，记录客户信息、历次变更用电情况等资料。

准备勘查时：穿上工作服、戴好安全帽、挂戴工作胸牌。与客户电话预约勘查时间，准备勘查资料。与相关部门取得联系，组织相关人员进行现场勘查。

现场勘查时：核实客户名称、用电地址、行业范围、用电类别、用电设备、用电容量等。了解客户的负荷特性，核实负荷性质、确定负荷等级。根据客户提供的总平面图，核实其供电范围和用电场所，以及核实其原有电源情况。根据用电性质和负荷特性，确定负荷等级和客户重要性等级。确定供电电源、供电电压、供电线路、电源接入点、进线方式、用电容量及配电房选址等。确定用电类别、计量方式、需缴纳业务费用情况等。

（三）供电方案制定

根据电网条件以及客户的用电容量、用电性质、用电时间、用电负荷重要程度等因素，确定供电方式和受电方式。

根据重要客户的分级确定供电电源及数量、自备应急电源及非电性质的保安措施配置要求。

根据确定的供电方式及国家电价政策确定电能计量方式、用电信息采集终端安装方案。

根据客户的用电性质和国家电价政策确定计费方案。

客户自备应急电源及非电性质保安措施的配置、谐波负序治理的措施应与受电工程同步设计、同步建设、同步验收、同步投运。

对有受电工程的，应按照产权分界划分的原则，确定双方工程建设出资界面。

（四）设计审查

审查设计单位是否具备资质。审查是否有批准的计划任务书和批准的工程选厂报告以及完整设计基础资料。审查设计文件内容是否完整、正确，文字是否简练，图面是否清晰，签署是否齐全。审查图纸是否齐全。出具审核结果通知单。

（五）中间检查

客户应在隐蔽工程完工前或受电工程安装完成约三分之二时向电力客户服务中心提交中间检查申请。通知相关部门对客户受电工程进行中间检查。进入现场对受电工程涉及的配电线路、接地部分、暗敷管线、需要覆盖（掩盖）的隐蔽工程进行检查。现场检查与电气安装质量相关的电缆沟、接地防雷装置、安全距离和高度、施工工艺等。现场检查接地装置的深埋、间距、防腐措施焊接工艺、选用规格、接地标志等是否符合要求。现场检查电缆管井转弯半径、防火措施、沟槽防水等是否符合要求。现场检查变电站内槽钢预埋、一次和二次电缆孔洞预留、设备位置离墙或其他建筑的安全间距、设备基础高度、防火距离和防火墙、门窗和排风装置、地场平整等是否符合要求。

（六）竣工验收

依据客户提交的报验资料，按照国家、电力行业有关技术规范、规程和标准以及设计文件，组织相关部门对客户受电工程进行全面验收。

验收客户工程的施工是否符合审查后的设计要求，隐蔽工程是否有施工记录；设备的安装、施工工艺和工程选用材料是否符合有关规范要求；一次设备接线和安装容量与批准方案是否相符；检查无功补偿装置是否能正常投入运行；检查计量装置的配置和安装是否正确、合理、可靠，对低压客户应检查低压专用计量柜（箱）是否安装合格；各项安全防护措施是否落实，能否保障供用电设施运行安全；高压设备交接试验报告是否齐全准确；继电保护装置经传动试验动作准确无误；检查设备接地系统，应符合《电力设备接地设计技术规程》要求。接地网及单独接地系统的电阻值应符合规定；检查各种联锁、闭锁装置是否齐全可靠。多路电源，自备电源的防误联锁装置及协议签订情况；检查各种操作机构是否有效可靠。电气设备外观清洁，充油设备不漏不渗，设备编号正确、醒目；客户变电所（站）的模拟图板的接线、设备编号等应规范，且与实际相符，做到模拟操作灵活、准确；新装客户变电所（站）必须配备合格的安全工器具、测量仪表、消防器材；建立本所（站）的倒闸操作、运行检修规程和管理等制度，建立各种运行记录簿，备有操作票和工作票；站内要备有一套全站设备技术资料和调试报告；检查客户进网作业电工的资格。

（七）签订供用电合同

供用电双方应在装表接电前签订书面《供用电合同》，供用电合同分为高压、低压、临时、委托转供电、趸售和居民六种形式。合同签订完不是一成不变的，如果用电期间发变更事件，供用电合同就应相应进行变更，重新签订。

（八）装表接电

电能计量装置原则上安装在供电设施与受电设施的产权分界处。电能计量装置的配置与安装应符合《电能计量装置技术管理规程》（DL/T 448—2000）及相关技术规程的要求。当电能计量装置不安装在产权分界处时，线路与变压器损耗的有功与无功电量均须由产权所有者负担。在每个客户受电点内，应按不同电价类别分别安装电能计量装置。

（九）资料归档

归档内容包括用电申请书、客户用电设备清单、营业执照复印件、法人代表身份证复印件、业扩现场勘查工作单、供电方案答复单、审定的客户电气设计资料及图纸（含竣工图纸）、受电工程中间检查登记表、受电工程缺陷整改通知单、受电工程中间检查结果通知单、受电工程竣工验收登记表、受电工程竣工验收单、装拆表工作单、供用电合同及其附件、委托客户的授权委托书、重要客户认证材料，客户提交的其他相关材料。

二、业扩报装服务规范

（一）业务受理服务规范

（1）营业人员必须准点上岗，做好营业前的各项准备工作。

（2）实行首问负责制。无论客户来办理的业务是否对口，接待人员都要认真倾听，热心引导，快速衔接，并为客户提供准确的联系人、联系电话和地址。

（3）实行限时办结制。办理居民客户收费业务的时间一般每件不超过 5 分钟，办理客户用电业务的时间一般每件不超过 20 分钟。

（4）受理用电业务时，应主动向客户说明该项业务需客户提供的相关资料、办理的基本流程、相关的收费项目和标准，并提供业务咨询和投诉电话号码。

（5）客户填写业务登记表时，营业人员应给予热情的指导和帮助，并认真审核，如发现填写有误，应及时向客户指出。

（6）客户来办理业务时，应主动接待，不因遇见熟人或接听电话而怠慢客户。如果前一位客户业务办理时间过长，应礼貌地向下一位客户致歉。

（7）因计算机系统出现故障而影响业务办理时，若短时间内可以恢复，应请客户稍候并致歉；若需较长时间才能恢复，除向客户说明情况并道歉外，应请客户留下联系电话，以便另约服务时间。

（8）当有特殊情况必须暂时停办业务时，应列示“暂停营业”标牌。

（9）临下班时，对于正在处理中的业务应照常办理完毕后方可下班。下班时如仍有等候办理业务的客户，应继续办理。

（10）值班主任应对业务受理中的疑难问题及时进行协调处理。

（二）现场勘查服务规范

（1）对客户的受电工程不指定设计单位，不指定施工队伍，不指定设备材料采购。

（2）到客户现场服务前，有必要且有条件的，应与客户预约时间，讲明工作内容和工作地点，请客户予以配合。

（3）进入客户现场时，应主动出示工作证件，并进行自我介绍。进入居民室内时，应先按门铃或轻轻敲门，主动出示工作证件，征得同意后，穿上鞋套方可入内。

（4）到客户现场工作时，应遵守客户内部有关规章制度，尊重客户的风俗习惯。

（5）到客户现场工作时，应携带必备的工具和材料。工具、材料应摆放有序，严禁乱堆乱放。如需借用客户物品，应征得客户同意，用完后先清洁再轻轻放回原处，并向客户致谢。

（6）如在工作中损坏了客户原有设施，应尽量恢复原状或等价赔偿。

（7）在公共场所施工，应有安全措施，悬挂施工单位标志、安全标志，并配有礼貌用语。在道路两旁施工时，应在恰当位置摆放醒目的告示牌。

（8）现场工作结束后，应立即清扫，不能留有废料和污迹，做到设备、场地清洁。同时应向客户交待有关注意事项，并主动征求客户意见。电力电缆沟道等作业完成后，应立即盖好所有盖板，确保行人、车辆通行。

（9）原则上不在客户处住宿、就餐，如因特殊情况确需在客户处住宿、就餐的，应按价付费。

三、业扩报装服务要求

（1）强化报装时限。对新装客户实行提前介入服务，全过程限时办结，及时跟踪到位，做好装接时限的沟通协调，严格控制好各环节时限，加大监督考核力度，提高报装时限管理效率，满足客户用电需求。

（2）受理客户用电申请时，双手递解客户资料（表单），保持微笑，要耐心地引导客户填注相关表单，做到准确。特别注意对客户需求的确认，能够给予合理的建议。例如："你想办理××业务，对吗？麻烦您填写以下这份表单，请出示您的××资料，好吗？让您久等了。"

（3）将客户资料录入系统时，检核并再次确认客户资料是否有效。齐全无误后录入系统，并详细告知业务收费项目或金额。例如："请您确认此项收费并签上您的姓名，如果没有什么问题的话，这样便可以了。"

（4）客户离开时，应立即停下手中的工作，站立欢送客户并真诚感谢客户，并详尽告知客户售后服务的电话。例如："××，非常感谢您对我工作的支持，期待您的再次光临，请您慢走！"

（5）进入客户现场勘查时，主动出示证件，并进行自我介绍。进入居民室内，要轻按门铃或轻轻敲门，出示证件征得同意后，穿上鞋套方可入内。

（6）科学合理的制定供电方案。每个环节、流程都应确保正常开展。

第二节　业扩报装服务案例剖析

一、业扩报装易发生的服务纠纷

（1）受理客户用电业务时，态度冷漠或者不及时告知应办理的所有手续，造成客户多次往返。

（2）客户对业扩人员提供的供电方案不满意。

（3）客户申请临时用电，费用收取不合理。

（4）受理了客户用电手续后，客户资料不全，未及时履行告知义务，现场勘查时间拖延。

（5）在电力营销管理信息系统中未按客户用电设备实际数据设置客户信息，造成客户电费计算信息错误或异常。

（6）对高危及重要客户制定的供电方案未按规定要求客

户配备足够自备应急电源，造成客户后期用电出现安全问题。

（7）客户发生变更用电后，考虑不周，造成客户后期计费出现错误。

（8）不按规定时间对客户工程进行中间检查或竣工验收，造成客户送电时间推后。

（9）发生变更用电后合同签订不及时，造成客户计费信息与合同信息不符。

（10）对客户指定设计、施工、供货单位。

二、业扩报装服务纠纷案例

（一）与客户沟通不及时，遭到客户连续投诉

2015 年年底，某居民客户张某到当地供电所营业厅申请分户，供电公司受理业务后，勘查人员现场勘查确定了表位。装表人员到现场装表时，却遭到了分户中的王某的反对，原因是没有征得他的同意，所以，他不允许将表箱安装在此。现场工作人员未向客户解释就离开了现场。于是，张某拨打了 95598 服务人员进行投诉："我的费用早已交清，但供电公司迟迟没来安装。"接到 95598 工单后，工作人员再次来到现场，当安装人员完成施工进行接电前检查时发现，客户室内刀闸开关下桩头带电，原因是这两户内部线路共用零线，存在安全隐患，需客户自行整改后才能送电。现场工作人员未向客户解释清楚就再次离开了现场，客户对此难以理解，随即，又拨打了 95598 服务热线进行投诉。接到 95598 工单后，工作人员告知客户，室内线路产权属于客户，需要客户自行将各户内部线路分割开，待内线整改到位后，即可接电。后经客户自行整改，满足接电条件后，供电公司完成了此项分户业务。

上述案例，从客户申请分户到装表接电，竟然两次遭到客户投诉，暴露出以下几方面的问题：①勘查人员在现场确定表位时，没能与客户及时沟通，造成表位不能被客户接受，现场无法正常施工，延误接电时间。②现场安装人员对于现场出

现的内部隐患，没有对客户进行技术指导，也没有向现场客户详细说明应由客户自行整改。③工作人员没有对客户的焦灼情绪进行有效安抚。④现场工作人员没有将现场出现的突发情况及时告知业务处理人员，致使在处理时很被动。

一个简单的分户业务，竟然遭到客户两次投诉，该案例反映出该公司供电服务人员意识还是淡薄，没有做到国网公司要求的真心实意为客户着想，尽量满足客户的合理要求，对客户的咨询、投诉等不推诿、不搪塞、及时、耐心、准确地给予解答。

（二）装表接电超时限，引起客户投诉

2016 年 3 月 30 日，客户李先生到供电公司申请低压动力用电。供电公司业扩报装人员当日组织了现场勘查，并确定了供电方案。4 月 3 日，施工完毕并经验收合格。办理完相关手续后，装表人员于 4 月 6 日领表出库，但由于工作疏忽，4 月 20 日才完成装表接电工作。李先生对此表示不满，于是拨打了 95598 服务热线进行投诉。

上述案例，因为服务超时限遭到客户投诉，暴露出以下几点问题：①业扩报装流程各环节时限监控不到位。②装表接电工作人员责任心不强，服务意识淡薄，未能按照承诺时限及时完成装表接电工作。

简单的申请低压动力用电被客户所投诉，反映出该公司在为客户服务的过程中，没有严格执行供电服务十项承诺，更谈不上优化后服务时限了。所以，只有强化员工职业道德教育，严格服务考核制度，强化员工服务意识，才能不断提高供电服务水平。

（三）供电方案编制考虑不周，造成供电方案存在隐患，引起客户不满

2016 年年初，一污水处理厂在申请用电时，注明其属于一级负荷，申请双回路用电。由于受网络条件限制，当地供电公司回复供电方案为：从一座 110 千伏变电站主变压器 10 千伏

同一母线段以双回路 10kV 线路供电，供电方式为单电源双回路。供电公司在答复供电方案时，也未提及客户应按保安容量的 120%配备自备应急电源。线路送电 5 个月后，客户发现现有的单电源双回路供电，因未配备足够的自备应急电源措施，当线路一旦停电时，会存在很大的安全隐患：如果因停电造成机械关闭阀操作失灵，污水会倒灌，值守人员无法迅速撤离工作区，有可能造成人员淹没；停电还可能造成有毒有害气体失去检测和控制，危及人员和工作场所安全；一旦因停电造成污水泄漏，污水将直接排放于河流，造成环境污染、水质污染，从而引发重大环境污染事故。随后，客户向供电公司提出了质疑。

上述案例，该供电公司在提出供电方案时因考虑不充分，给客户造成了安全隐患，暴露出以下问题：①业扩人员业务素质不过硬，对客户用电性质认识不到位，未充分了解客户的重要性，导致对一级负荷客户提供了存在安全隐患的供电方案。②未履行对重要客户应配备足够的自备应急电源及应急措施的告知义务。③在业扩的设计审查等环节也未能及时对双电源配备方面存在的安全隐患作出提醒。

对于一级负荷重要客户，《国家电网公司业扩供电方案编制导则》规定：一级重要电力客户应采用双电源供电，重要电力客户应配备自备应急电源及非电性质的保安措施，满足保安负荷应急供电需要。具有两回线路供电的一级负荷客户，其电气主接线的确定应符合下列要求：10kV 电压等级应采用单母线分段接线。装设两台及以上变压器。0.4kV 侧应采用单母线分段接线。作为电力技术服务的提供者，向客户提供有缺陷的供电方案，不能满足客户安全供电需要，在失去了客户对供电公司信任的同时，也给供电服务形象造成了不良的影响。

（四）现场勘查超时限，导致客户投诉

7 月 25 日，客户吴先生向 95598 供电服务人员投诉：“7 月 14 日，我到你们营业厅申请一个居民电表，营业员要的各种资料我都给了，第二天，我还打电话到营业厅，你们营业人员告诉我 14 日流程就能到勘查环节，还说有勘查人员会到现场勘查，可是到了今天，也没有见一个人来，到底能不能办？你们电力的工作效率就是这样啊？”坐席人员受理了吴先生的投诉后，将投诉派发给供电公司处理，供电公司回复说明该公司业扩人员 7 月 16 日联系过吴先生，可是吴先生的手机无人接听，而该公司近期新装工作量大，勘察人手不够，所以推迟了吴先生的勘查时间。

上述案例，由于勘察人员没有联系到客户而未能及时到现场勘查，推迟处理业务也没有及时向客户说明情况，也没有告知营业前台，造成未按承诺实现要求答复客户供电方案。暴露出该供电公司低压业扩流程的预警机制缺失，使得低压供电方案答复环节处于失察状态。

根据《国家电网公司供电服务十项承诺》第五条规定：“供电方案答复期限：居民客户不超过 3 个工作日，低压电力客户不超过 7 个工作日，高压单电源客户不超过 15 个工作日，高压双电源不超过 30 个工作日。”《国家电网供电服务规范》第十八条第一款规定：“已受理的用电报装，供电方案答复时限，低压电力客户最长不超过 10 天；高压单电源客户最长不超过 1 个月；高压双电源客户最长不超过 2 个月。若不能如期确定供电方案时，供电公司应向客户说明原因。”所以，建立有效的跟踪机制、实现流程超期的全方位预警、全面提升报装服务水平，克服低压业扩管理短板是亟待解决的问题。

第七章

抄核收服务

第一节　抄核收服务流程及风险认识

抄表和电费回收工作是供电企业营销管理中的一项重要工作，是企业获得销售收入、实现利润的重要途径，抄表质量的好坏、电费是否及时、准确的收回，直接关系企业的经济效益和社会效益。

一、服务流程及内容

（一）开始上班

按时上班，对工作环境进行整理。检查仪容、仪表。查看、处理电子工单。根据工作轻重缓急，拟定当日工作计划。

（二）从出发前准备到现场作业结束

1. 出发前准备

统一着装，正确佩戴工作牌。不得将工作牌藏于衣服或口袋内，保持仪容仪表整洁。检查必备的表单是否齐全。检查必备的工器具是否齐全，是否处于可使用状态。

2. 到达现场

到达现场时，遵守客户内部有关规章制度，尊重客户的风俗习惯。当到达客户单位或居民小区时，应主动向有关人员出示证件，表明身份，说明来意。车辆进入客户单位或居民小区内，须减速慢行，注意停放位置，禁鸣喇叭。进入居民客户室内时，应先按门铃或轻轻敲门，主动出示证件，征得同意后，穿上鞋套，方可进入。如客户不让穿鞋套时，可向客户解释工作纪律，原则上必须穿，特殊情况下可按客户的意见办理。与客户交谈应使用文明用语，礼貌、得体、语调温和、悦耳、热情，吐字清晰、语速适中。

3. 现场作业

在作业过程中，若客户询问相关的用电问题，应耐心细致地回答（如客户有其他服务问题，应引导或联系相关部门解决，并进行督促跟踪至客户的问题处理完毕）。如在工作中损坏了客户原有设施，应尽量修复或等价赔偿。现场作业过程中，如有客户情绪激动时，应先安抚其心情，再处理事情。不要与客户论谁对谁错，耐心细致地解答客户提出来的问题。如需借用客户物品，应先征得客户同意，用完后应先清洁再轻轻放回原处，并向客户致谢。

4. 离开现场

向客户宣传电力法规及相关用电知识，并告知“95598”客户服务热线。与客户礼貌道别，比如：“感谢您的支持，再见！”

（三）从作业结束到下班

将相关数据，资料整理，完善，录入相机，归档。向主管汇报相关的工作情况。整理办公桌，准时下班。

二、抄核收服务规范

（一）抄表服务规范

1. 抄表准备

检查按抄表日程下载的数据是否完整、正确。对有新装增容、变更用电业务的客户，应填制该户的抄表卡并排列顺序。

2. 现场抄表

核对现场客户户名、地址、表号、CT、PT 变比参数、用电容量和用电性质等基本信息，进行初步的用电检查。由于客户的原因未能如期抄录计录电能表读数时，可通知客户下期补抄或暂按前次用电量计收电费，待下次抄表时一并结清。因客户原因连续六个月不能如期抄到计费电能表读数时，供电企业应通知该客户终止供电。如发现电量异常情况，把异常码输入抄表机或详细记录在异常报告单上。对有窃电、违约用电嫌疑情况的，要及时收集证据并保护现场，然后通知相关部门及有关领导到现场调查取证。如客户电能表损坏，应提醒客户到营业厅办理相关手续，并报告相关主管。

3. 读取并正确录入电能表数

如客户反映抄表电量与客户自查电量有出入，应进行确认。如确是抄表员的差错，须主动向客户致谦，并及时修正错误电量。采用现场人员抄表时，抄表卡必须用蓝（黑）钢笔（签字笔）正确书写，不得涂改。凡因特殊情况需要在抄表本进行批注或修改的，都必须加划双横线并加盖名章。对于需要发送缴费卡的客户，上门时应表明身份，说明来意，并告知相关的缴费事宜。如客户在现场时，应主动提醒客户缴费。抄表员在结束当天现场抄表前，应检查当日抄表任务是否完成。

4. 离开现场

整理工器具，对计量柜（箱）加锁（封）后，现场作业完结。然后，抄表员按规定日期，将抄回的电能表数据上装到电力营销管理信息系统，并认真核对上装的数据，确认无误后发送至下一岗位。

（二）催费服务规范

1. 催费前准备

从电力营销管理信息系统内采集欠费数据。填制催费通知单后，应详细核对户名、地址等客户相关资料。分析客户欠费类型，针对不同类型客户，进行不同方式催费。前期提醒时可采用电话方式通知。

2. 送达催费通知单进行催费

送达催费通知单，并请客户签收。如客户不在家，采取其他有效方式送达（如电话语音、短信、电子邮件等）。如客户拒绝签收，可用挂号信邮寄，并保留存根。根据客户需要进行必要的解释工作。

3．对已送达催费通知单后仍未缴费的客户进行不定期催费

例如：“××先生/女士，我们已在××日送达催费通知单，请您尽快缴费，否则我们只能按照有关规定实施停电。”

4．归档。把送达的相关资料进行归档管理。

（三）停送电服务规范

1．停送电准备

调阅客户欠费信息。打印或填写停限电通知单。停限电通知单经审批后，在停电前 7 天送达客户。

2．送达停限电通知单

能直接送达时直接上门送达，主动出示证件并使用礼貌用语。如遇客户不在家，可采取其他有效方式送达。如客户拒绝签收，可采取挂号信邮寄、特快专递等有效方式，并保留存根。

3．停电

将停电的客户名称、欠费情况、停电方案报本单位负责人批准。停电之前务必要再次核实一次客户是否已经交纳电费，以避免停错电。重要客户在停电前 30 分钟，将停电时间再通知客户一次，并做好记录，方可在通知规定时间实施停电。到达现场后，应核对停电客户的表号与档案，确认后方可实施停电。如客户表示愿意马上交纳电费，停电人员可暂缓停电，请客户到就近的缴费处交清欠费。对停电设备进行加封，抄录电能表示数，并与客户确认。如客户不让停电，或暴力抗拒停电时，停电人员不得与客户正面冲突，要耐心细致地向客户做好解释工作并请示领导或请公安部门配合。停电后再次进行检查，确认停电对象正确无误，清理现场后，方能离开。如核对时发现停错电，须马上恢复供电，耐心细致地跟客户做好解释工作。在采取停电时，要做到有理、有据、有度，严格履

行规定的停电程序。

4. 复电

积极主动查询欠费停电客户的缴费情况，在查清客户电费已经到账后，及时恢复供电。因特殊情况不能在规定时间内恢复供电，应向客户说明原因，取得客户的谅解，并争取尽快恢复供电。现场恢复供电后，确认客户已正常用电，才能离去。

5. 资料归档

对停、复电的客户做好停、复电记录。

三、抄核收服务要求

（一）抄表服务

（1）提高抄表准确率和到位率。遇到客户原因实在无法抄表时，一定要按规定处理，征得客户同意，待期补抄或暂按前次用电量计收电费。

（2）服务方式要规范。例如，客户提出合理要求时，要站在客户角度考虑和解决问题。

（二）核算服务

（1）提高业务技能操作水平。熟知电价电费政策、本岗位的业务知识和相关技能，岗位操作要规范、熟练。

（2）解释政策要到位。例如，在对客户解读电费时，要清晰、清楚，语调要平和，不与客户争辩。

（三）收费服务

（1）收费时，态度要礼貌、热情、谦和，接待客户时，应面带微笑，做到来有迎声，去有送声。与客户会话时，应亲切、诚恳，有问必答。

（2）递给客户电费发票时，双手递送，目光专注。

（3）客户因欠费实施停电时，事先要将情况向电监办、行风、信访、街道，以及各新闻媒体做好汇报和报备，履行手续一定要齐全。

第二节　抄核收服务案例剖析

一、抄核收易发生的服务纠纷

（1）未按规定日期抄表到位，估抄、错抄，造成客户电费异常。

（2）客户拖欠电费没有按照规定办理手续对客户实施停电。

（3）电费中电价、损耗电量、功率因数调整电费计算错误或异常。例如，客户某月缴纳电费比前几个月高很多。

（4）不给客户出具电费账单。

（5）收费人员态度不佳。

（6）未及时解决客户咨询的一些电价电费问题。

（7）客户信息变更，档案未变更，造成客户无法接收电费等信息。

（8）电价调整，未及时公告。

二、抄核收服务纠纷案例

（一）估抄电量

1．在居民抄表例日，抄表员李某为了完成台区线损率，没有按照要求进行周期抄表，而是对客户王某家电能表指示数进行估抄，超出实际用电量 1200 千瓦时，致使王某家阶梯电价在最高限额。客户王某接到电费通知单后，与李某联系要求更正，但李某以工作忙为由，不予解决，造成客户不满，客户王某随即向当地报纸反映了此事。

上述案例中，抄表人员为了完成台区线损率估抄，暴露出以下问题：①该供电公司抄表人员在服务意识、工作态度、责任心等方面有待进一步提升，规章制度执行不严、学习掌握不彻底，未真正使服务规范，工作标准落实到位。②抄表员对客户要求更正处理不及时，对事态发展可能带来的影响估计不足，认识不深刻，失去了正确处理的最佳时机，从而扩大了负面影响，形成被动局面。③电费核算、复核人员工作质量不高，未能及时发现电量异常，失去了控制事件发展的机会。

该案例违反了《国家电网公司供电服务规范》："供电企业应在规定的日期准确抄录计费电能表读数。因客户的原因不能如期抄录计费电能表读数时，可通知客户待期补抄或暂按前次用电量计收电费，待下一次抄表时一并结清。"本案例中李某为了完成台区线损率调整对客户用电量进行估抄，严重地破坏了供电公司形象，造成了较大负面影响，应引以为戒。

2. ××客户来电反映，2015 年 2 月 13 日，他到××营业厅缴纳电费时，电费票据显示的抄表指示数为 3289。2015 年 2 月 14 日，他看到自家电能表实际指示数只有 3205，客户怀疑有抄错表的情况，请有关部门尽快核实处理并给予回复。

上述案例同样暴露出管理单位存在估抄计费问题，该案例在违反了《国家电网公司供电服务规范》："供电企业应在规定的日期准确抄录计费电能表读数"规定的同时反映出抄表人员工作责任心不强，服务意识淡薄，规章制度执行不严格。

（二）核算出现失误

2016 年 3 月 26 日，居民客户李先生拿着自己当月的电费票据，怒气冲冲地走进某供电所营业厅，他质问客户代表，我家的电费为什么比前几个月高了 3 倍，而这个月，他出差家里没有人，电费怎么来的？客户代表告知李先生，这是核算人员的事情，核对电量要去找核算人员。于是李先生拿着电费票据找到核算人员小杨，小杨看完说："你看是不是抄表人员抄错了？"李先生只好又找到抄表人员，经核对，是核算人员在系统中数字输错导致李先生家当月电费突增。李先生当即表示不满，拨打了 95598 服务热线进行多次投诉。

上述案例当中，无论是客户代表，还是电费核算人员，对客户的询问和投诉，都在推诿、塞责。面对电量中的异常问题，不是用积极的态度纠正问题，将服务事件消灭在萌芽状态，而是将工作中的失误一次次升级。

该案例违反了《国家电网公司员工服务十个不准》第五条："不准违反首位责任制，推诿、搪责、怠慢客户"和《国家电网公司供电服务规范》第四条第二款"真心实意为客户着想，尽量满足客户的合理要求。对客户的咨询、投诉等不推诿、不搪责，及时、耐心、准确地给予解答。"

（三）欠费停电手续不严格

2016 年 2 月某天，某供电公司收费人员向某来到某小区物业公司催收电费，在催收无果的情况下，向某在没有履行停电通知手续的情况下，对该小区实施了停电。在停电过程中，居民们反映，他们已向物业公司缴纳了电费，停电应该只对那些没有交费的居民实施。向某解释，供电公司只能根据总表计费的电量催收电费，坚持进行停电操作，于是，双方发生纠纷。停电后，居民不准向某离开现场，并向当地媒体投诉。

上述案例中，收费人员在没有履行停电手续的情况下，对欠费小区停电，暴露出以下问题：①该供电公司对居民供电服务重视不够，在采取停电催费措施之前，未能了解小区居民用电和交费实际情况，对停电后可能造成的不利影响预估不足。②收费人员执行停电制度不严格，在没有办理电费欠费停电通知书，在没有提前通知客户，在没有对停电进行公告和通知的情况下，实施停电，客观上造成了客户不理解。③收费人员缺乏灵活解决问题的能力和技巧。

该案例违反了《供电营业规则》第六十七条："在停电前三至七天内，将停电通知送达客户；对重要客户的停电，应将停电通知报送同级电力管理部门；在停电前 30 分钟，将停电时间再通知客户一次，方可在通知规定时间实施停电。"以及《国家电网公司员工服务十个不准》："不准违反规定停电。"本案例中，收费员向某在催费过程中，由于缺乏服务方法，应对措施不足，对供电服务形象造成了不良影响，所以，对于此类问题处理应慎重。

第八章

用电检查服务

第一节　用电检查服务流程及要求

为了保障电网的安全、稳定、经济运行，维护正常供用电秩序和公共安全，保护供用双方的合法权益，供电企业按规定对客户的用电情况，用电安全和供用电合同履行情况进行检查。作为窗口服务的一部分，用电检查工作服务的规范性非常重要，它是维护企业自身合法权益的必要手段，对于进一步规范用电行为，保障电网和电力客户的用电安全，提高客户依法用电意识，消除违章行为及事故隐患发挥着重要的作用。

一、服务流程及内容

（一）开始上班

按时上班，对工作环境进行整理。检查仪容、仪表。及时查看、处理电子工单。根据工作轻重缓急，拟定当日工作计划。

（二）从出发前准备到现场作业结束

（1）出发前准备。详细了解用电检查的内容和客户受电装置的信息。统一着装，正确佩戴工作牌、安全帽，携带用电检查证。不得将工作牌藏于衣服或口袋内，保持仪容仪表美观大方。检查必备的表单是否齐全，检查必备的工器具是否齐全，是否处于可使用状态。如进行安全检查需电话预约时，要表明身份，确认户名、地址以及上门的时间。安排相关车辆，并进行必要的检查。

（2）到达现场。到达现场时，应遵守客户内部有关规章制度，尊重客户的风俗习惯。如有预约，按约定时间到达现场。当遇特殊情况无法按约定时间到达现场，应及时告知客户，说明原因，主动向客户致歉。到达客户单位或居民小区时，应主动向有关人员出示证件，表明身份，说明来意。车辆进入客户单位或居民小区内，须减速慢行，注意停放位置，禁鸣喇叭。与洽谈人、电气负责人见面时，须主动自我介绍并出示用电检查证。出示证件时，证件应正面朝向客户，用双手递送并告知“这是我的证件”。如客户不在或配电房无人时，可电话联系客户或请保安呼叫。如客户拒绝接受检查，应耐心向客户解释用电检查的重要性。如客户仍不接受检查，可以找客户负责人协调并向领导汇报。进入居民客户室内时，应先按门铃或轻轻敲门，主动出示证件，征得同意后，穿上鞋套，方可进入。如客户不让穿鞋套时，向客户解释工作纪律，原则上必须穿，特殊情况下可按客户的意见办理。与客户交谈应使用文明用语、礼貌、得体；语调温和、悦耳、热情；吐字清晰，语速适中。现场检查应实事求是，如有疑问应及时询问客户。在作业过程中，若客户询问相关的用电问题，应耐心细致地回答，如客户有其他服务问题，应引导或联系相关部门解决，并进行督促跟踪至客户的问题处理完毕。如在工作中损坏了客户原有设施，应尽量修复或等价赔偿。现场作业过程中，如有客户情绪激动时，应先安抚其心情，再处理事情。不要与客户论谁对谁错，耐心细致地解答客户提出的问题。如需借用客户物品，应先征得客户同意，用完后应先清洁再轻轻放回原处，并向客户致谢。

（3）离开现场。向客户宣传电力法规及相关用电知识，并告知“95598”客户服务热线。与客户礼貌道别，比如：“感谢您的支持，再见！”

（三）下班前准备

将相关数据、资料整理完善后，录入系统，数据归档，然后向主管汇报相关的工作情况。整理办公桌，准时下班。

二、用电检查服务规范

（一）任务制定

制定全年计划。依据“全年检查计划”制定“月度检查计划”。接到检查任务后填写用电检查工作单，详细了解客户受电装置等信息。

（二）现场检查

用电检查人员不得少于两人。应在客户配合下进行检查。核对客户用电基础信息。用电检查人员不得现场进行电工作业。在现场检查中，如需操作客户电气设备，应征得同意并由客户电工进行操作。如客户的电气设备存在缺陷，向客户说明情况并下达用电检查结果通知书。在检查过程中如发现违约用电、窃电行为，应按违约用电、窃电流程处理。

（三）填写工作单

检查完毕，用电检查员应如实填写用电检查工作单和用电检查结果通知书，一式两份。

（四）客户确认

请客户在用电检查工作单和用电检查结果通知书上签名确认，客户保留一份，一份由用电检查员带回。如客户不签收时，不能与客户正面冲突，应耐心细致的做好解释工作。如客户态度强硬确实不签，可采用特快专递、挂号信、公证等方式送达。对于重要客户，应同时向当地电力管理部门、安全监督部门报告。

（五）资料归档

将检查情况向主管部门汇报，现场检查资料应在 1 个工作日内归档。

三、违约用电、窃电检查服务规范

（一）出发前准备

接受主管安排的违约用电、窃电检查工作任务。必要时，请公安、法定或授权的计量检定机构人员配合工作，并做好保密工作。

（二）现场检查

整个检查过程请客户陪同见证。根据现场检查结果判断客户有无违约用电、窃电行为。如客户无违约用电、窃电行为，按常规检查流程进行检查。如客户有违约用电、窃电行为，应立即进行现场取证，及时有效保存，收缴与窃电、违约有关的证物（对不易移动的物证应进行拍照、摄像）。如客户聚众围攻、强行销毁窃电证据，甚至辱骂检查人员，用电检查人员不得与客户发生正面冲突，应立即拨打 110 并向相关领导汇报。对窃电的设备、容量、时间进行调查、取证和统计，并请客户签字确认。对于窃电工具、窃电痕迹、计量表计等需要技术鉴定的，检查人员应封存并请客户签字确认。如客户拒绝签字确认，用电检查人员不得与客户发生正面冲突，须耐心细致地跟客户做好解释工作并请示领导或公安部门配合。

（三）填写违约用电、窃电检查单

根据违约用电、窃电事实，填写违约用电、窃电检查单，请客户签字认可，并告知处理时间和地点。

（四）现场停电

用电检查人员为制止窃电行为，在符合下列条件时可以对窃电者采取中断供电的措施：事先通知；不会造成设备重大损失和人身伤害；不影响社会公共利益或者危害社会公共安全；不影响其他客户正常用电。仅对窃电客户停电，不得擅自扩大停电范围。实施停电时注意做好安全措施。实施停电后应立即将停电原因、时间向相关领导汇报。封存设备对现场停电设备加封。将现场封存设备的封印数量、位置及编号字样详细记录后请客户签字确认。

（五）违约用电、窃电后续处理

根据现场调查核实的情况和《供电营业规则》的相关规定计算出违约用电、窃电的补收电量、电费。与客户确认追补的电量电费。如客户对处理有异议时，用电检查人员应与客户充分勾通，讲清相应的法律法规和客户需要承担的法律责任。请客户签收违约用电、窃电处理通知单。如客户拒绝签收，不能与客户正面冲突，应耐心细致地做好解释工作。如客户态度强硬确实不签，可采用特快专递、挂号信、公证等方式送达，提醒客户缴纳费用的相关事宜。

四、用电检查服务要求

（1）进入现场检查，出示证件，进入居民客户家里，戴上鞋套。

（2）发现客户违约用电，或者窃电，必须对相关问题取证齐全，履行相关手续才可实施停电。

（3）计划停电时，宣传要到位，与客户沟通要及时。

（4）因电能质量问题导致客户家用电器损坏时，采取快速处理、准确处理。

第二节　用电检查服务案例剖析

一、用电检查易发生的服务纠纷

（1）发现客户私自更换变压器、增容、启封、擅自引出电源、高价低挂等违约用电时，履行停电手续不全或未履行停电手续中止对客户的供电。

（2）通过电力负荷控制装置，对超过限定负荷拉闸限电。例如，在用电负荷紧张的情况下，客户不错峰、避峰用电，用电检查人员强制对客户设置限定负荷实施跳闸限电。

（3）发现客户窃电，未履行相关手续，对客户中止供电。

（4）因为电能质量等原因造成客户家用电器损坏，不及时处理。例如，客户称家电烧坏，用电检查人员未按规定时限及时到客户处调查，或者按时限调查后，却未及时进行处理答复等。

（5）对重要及高危客户用电检查不到位，造成客户发生安全事故。

（6）电压不合格造成客户家用电器无法正常使用。

二、用电检查服务案例

（一）怀疑窃电，擅自拆表

2016 年 4 月某日，刘先生回家发现家里停电了，当他检查自家表箱时，发现电表不翼而飞，而电表箱上贴着一张写着某供电公司用电检查人员姓名和联系电话，他这才知道电表是被供电公司拆走了。于是，他拨打联系电话，但电话一直无人接听。第二天，刘先生来到该供电公司询问拆表原因。用电检查人员解释说，他去检查时，发现刘先生家里电表铅封被拆，电表走得很慢，于是，现场认定是人为破坏了电表结构，随即终止了供电。由于刘先生当时不在家，他就将窃电通知书贴在了电表箱上，拆表是为了保存证据。

刘先生认为，该供电公司用电检查人员在拆客户电表时，不仅没有依法向客户出示用电检查证，甚至连个招呼都不打，就以怀疑客户窃电为由擅自将客户电表拆走。于是，刘先生向当地媒体投诉。

上述案例中，该公司用电检查人员在怀疑客户窃电的情况下，擅自拆表停电，暴露出以下问题：①该公司用电检查人员法律意识淡薄，用电检查工作过程不规范。②执行相关规章制度不严格。③工作方式简单。

该案例违反了《用电检查管理办法》第十九条规定："经现场检查确认客户的设备状况、电工作业行为、运行管理等方面有不符合安全规定的，或者在电力使用上有明显违反国家有关规定的，用电检查人员应开具用电检查结果通知书和违章用电、窃电通知书，一式二份，一份送达客户，并由客户代表签收，一份存档备查。本案例中，用电检查人员仅凭主管臆断，在证据不足，且未经客户确认的情况下，就采取拆表停电的行为是不可取的。而且在客户询问的过程中，服务方式欠缺，使事件扩大，导致客户向媒体投诉。

（二）拉路限电，引发安全事故

2015 年 8 月某天，某供电公司在错避峰措施全部到位的情况下，该地区负荷缺口仍达到正常负荷的 33.7%。为了确保电网安全，该公司调度员进行了紧急拉路，在当年序位全部限电拉路之后，负荷仍存在明显缺口，该调度员不得不根据上年度限电序位对一般线路继续拉路限电。20:12，该供电公司对煤矿主供电源实施了拉路限电。当日，该煤矿违反政府管理部门要求，擅自开工生产，在拉路限电越 10 分钟后，自行启动自备发电机，大约 5 分钟后，该煤矿在进行放炮作业时，引起瓦斯爆炸事故。

上述案例，此次拉路限电虽然不是造成煤矿瓦斯爆炸事故直接原因，但也暴露出以下问题：①执行限电序位不严肃。②限电序位没有告知客户。③需求侧管理工作上存在较大差距。工作不实、不细、精细化程度不高。④应对危机意识较差，和客户沟通不及时。

该案例违反了《电力供应与使用条例》第二十八条第三款："因发电、供电系统发生故障需要停电、限电时，供电企业应当按照事先确定的限电序位进行停电或者限电"，以及《供电营业规则》第六十八条第三款："发供电系统发生故障需要停电、限电或者计划限、停电时，供电企业应按确定的限电序位进行停电或限电。但限电序位应事先公告客户。"本案例中，该供电公司缺乏应对危机意识，限电序位的管理不规范、不到位，没有依法履行对重要客户停限电通知义务，虽然电网停电不是导致煤矿爆炸事故主因，但应从此次事件中汲取教训，应引以为戒。

（三）处理客户设备损坏错误，导致客户投诉

某小区居民客户张先生拨打 95598 供电服务热线反映：昨天他们家旁的配电箱爆炸，他们楼内的 30 多户的电视、冰

箱等家用电器都受到到了不同程度的损坏，要求赔偿。坐席代表将工单转至该供电公司用电检查人员。检查人员拨打张先生电话后告知，供电公司对他们损坏的家用电器不予赔偿，让其自行修理。于是，张先生再次拨打 95598 供电服务热线，代表所有受损户进行了集体投诉。

上述案例，用电检查人员接到居民家用电电器损坏投诉后，不调查核实，答复客户不予赔偿，导致客户二次投诉，暴露出：用电检查人员业务水平薄弱，对家电烧损的处理业务不熟。二是，用电检查人员执行规章制度的意识不强，未在规定时限内到客户处调查核实。三是，该公司没有制定可操作性强的家用电器损坏赔偿流程和实施细则。

案例中该供电公司用电检查人员违反了《国家电网公司员工服务是个不准》第五条："不准违反首问责任制，推诿、塞责、搪塞、怠慢客户"和《居民家用电器损坏处理办法》第四条的规定："出现若干家用电器同时损坏时，居民客户应及时向当地供电公司投诉，并保持家用电器损坏原状。供电公司在接到居民客户家用电器损坏投诉后，应在 24 小时内派员赴现场进行调查、核实。"

第九章

装表接电服务

第一节　装表接电服务内容及流程

装表接电作为业扩报装最后一道工序，它标志着供用电双方关系的确立，装表接电工作的好与坏直接影响到客户对供电企业服务的满意度。

一、服务流程及内容

（一）开始上班

按时上班，对工作环境进行整理。检查仪容、仪表。及时查看、处理电子工单。根据工作轻重缓急，拟定当日工作计划。

（二）从出发前准备到现场作业结束

（1）出发前准备。统一着装，正确佩戴工作牌、安全帽，携带用电检查证。不得将工作牌藏于衣服或口袋内，保持仪容仪表美观大方。检查必备的表单是否齐全。检查必备的工器具是否齐全，是否处于可使用状态。如需电话预约时，要表明身份，确认户名、地址以及上门的时间，提醒客户需要准备与配合的事项。安排相关车辆，并进行必要的检查。

（2）到达现场。到达现场时，应遵守客户内部有关规章制度，尊重客户的风俗习惯。有预约的，按约定时间到达现场。如遇特殊情况无法按约定时间到达现场的，应及时告知客户，说明原因，主动向客户致歉。到达客户单位或居民小区时，应主动向有关人员出示证件，表明身份，说明来意。车辆进入客户单位或居民小区内，须减速慢行，注意停放位置，禁鸣喇叭。与客户见面时，须主动自我介绍并出示证件。出示证件时，证件应正面朝向客户，用双手递送并告知“这是我的证件”。如客户不在现场可电话联系。如客户有事不能到过现场，可请客户委托授权他人监督配合工作。进入居民客户室内时，应先按门铃或轻轻敲门，主动出示证件，征得同意后，穿上鞋套，方可进入。如客户不让穿鞋套时，向客户解释工作纪律，原则上必须穿，特殊情况下可按客户的意见办理。

（3）作业前准备。工具和材料摆放有序、严禁乱堆乱放。检查应采取的安全措施是否到位。在公共场所作业，还应悬挂作业单位标志及安全标志。按用电工作传票核对现场信息。如需停电作业时，应告知客户停电时间、范围，并让客户电工进行操作。如客户拒绝配合相关作业，装表接电人员应做好解释工作，不得与客户争吵，妥善处理。工具与材料摆放如图 9-1 所示。

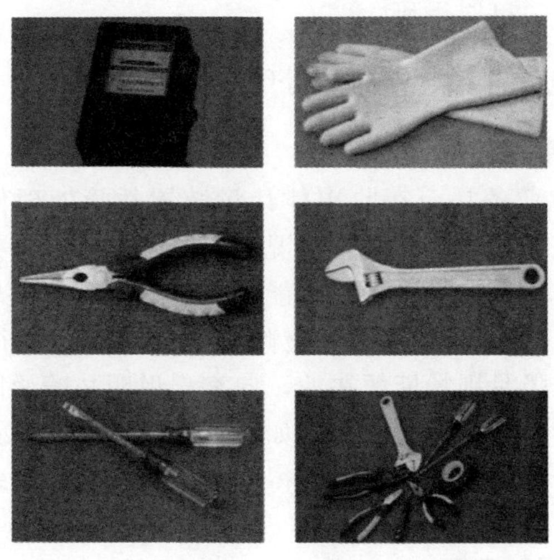

图 9-1　工具摆放

（三）现场作业

在作业过程中，若客户询问相关的用电问题，应耐心细致地回答。如客户有其他服务问题，应引导或联系相关部门解决，并进行督促跟踪至客户的问题处理完毕。如在工作中损坏了客户原有设施，应尽量修复或等价赔偿。现场作业过程中，如有客户情绪激动时，应先安抚其心情，再处理事情。不要与客户论谁对谁错，耐心细致地解答客户提出来的问题。如需借用客户物品，应先征得客户同意，用完后应先清洁再轻轻放回原处，并向客户致谢。

（四）离开现场

现场清扫、整理工器具。向客户宣传电力法规及相关用电知识，并告知“95598”客户服务热线。与客户礼貌道别，例如“感谢您的支持，再见！”

（五）下班前收尾工作

将相关资料整理，完善，录入微机，归档。向主管汇报相关的工作情况。对工器具进行日常维护、保养和安全检查。整理办公桌，准时下班。

二、电能计量装置故障处理

（一）接受任务

从用电业务环节接收电能计量装置故障处理任务。接受任务时应该了解客户的基本情况。根据用电工作传票进行故障检查，根据检查结果进行鉴定能否当场处理。如当场可以处理电能计量装置没有问题的，应耐心向客户解释并得到客户认可。存在故障且现场能解决的，向客户说明故障原因及处理流程，并进行故障的排除工作。如需二次处理向客户说明故障原因，告知处理流程及时限，并得到客户的认可。如需装拆的，按装拆服务流程作业。

（二）退补电量

抄录电能表恢复正常时的指示数。将故障信息、退补电量的计算过程、时间、结果和抄录的电表示数告诉客户，并请客户在用电传票工作单上签字确认（加盖公章）。把用电工作传票交予有关人员进行审核，确保数据完整准确。进入电量追补流程。将相关数据，资料整理、完善、录入系统、归档。

三、电能计量服务要求

（1）对客户的用电计量装置必须按规定校验。

（2）在规定时限内完成装表接电工作。

（3）进入客户现场工作时，应出示相关证件，经客户同意后方可入内。

（4）在客户现场工作中，应轻拿轻放。

第二节　装表接电服务案例剖析

一、装表接电易发生的服务纠纷

（1）拖延装表接电时间。比如，客户申请用电后，业扩报装人员根据流程已经组织了勘查、确定了供电方案、施工完毕，也已验收完毕，但是办理完相关手续后，装表人员却迟迟不装表接电。

（2）电能表计量不准确。比如，客户怀疑电能表走得太快，正负误差不在国家标准允许的范围内，或者年久失修或出现故障，使记录的电量失实。

（3）私自更换电能表。比如，计量人员发现电能表损坏，或者电能表转动过慢，不履行相关手续，不对客户进行告知，私自更换电能表。

（4）电能表损坏不及时更换，造成计费错误。

（5）为客户更换电能表，手续不健全，或未告知客户，造成客户疑问。

二、装表接电服务纠纷案例

（一）怀疑电能表错接，自行拆表更换导致客户不满

2016 年 4 月某日，某供电所接到当地政府行风办转来的

某村居民投诉，反映自家电能表被突然更换。供电所经过了解后得知，供电所员工于某在某日检查时，认为该居民电能表转动偏慢，但未发现能认定其窃电的证据。于某便以电能表存在异常为由，在居民不知情的情况下进行了拆换表工作。该居民认为供电所擅自换表，自己对原电表的表码和新电能表的指示数都不清楚，于是向当地行风办投诉。

上述案例中，供电所的工作人员仅凭主观就认定客户窃电，并且在客户不知情的情况下进行拆表更换，暴露出以下问题：①该供电所工作流程不规范，工作人员工作行为随意性太强。②该供电所业务变更流程缺乏有效的监督，私自拆表未能及时发现和制止于某不规范行为。

该案例违反了《供电营业规则》第七十二条："供电企业在新装、换装及现场校验后应对用电计量装置加封，并请客户在工作凭证上签章。"以及 DL/448—2000《电能计量装置技术管理规程》第 7.2 条："当发现电能计量装置故障时，应及时通知电能计量技术机构进行处理。"本案例中，该供电所工作人员的随意行为是导致客户投诉的主因，所以，完善供电营业流程，规范服务行为，加强对该供电所员工业务和服务培训，提高业务和服务能力，才能得到客户的赞誉。

（二）电能表问题处理不及时，导致客户投诉

某天，电力客户李某到某供电所营业厅反映："我家电能表过快，上个月就用了 761 度，我们就只有一个冰箱，热水器也没有开，所以电能表肯定有问题。"当时，营业厅的工作人员周某告知客户李某："电能表转动过快，可能是由于漏电引起的，你回家将开关、插头等电源全部断开，然后目测一下电能表是否还会走？"李某回家做过试验后，于当天下午再次来到该供电所营业厅，他向营业员反映并无漏电情况，营业员答复："那我们就不清楚了。"对该事件，营业员没有记录，也没有把李某反映的问题向供电所负责人汇报。第二天，李某再次来到该供电所寻求解决未果。4 天后，李某见供电所始终没有

人来检查解决，于是向当地电视台维权热线进行了投诉。

上述案例，窗口营业员对客户反映的问题置若罔闻，暴露出以下问题：①该供电所工作人员责任心不强，对客户反映的问题熟视无睹，未能帮助客户提供对应的处理办法。②该营业员对电能计量表计校验流程不熟悉。③应急处理工作不力，没有和有关部门进行积极沟通。

该案例违反了《供电营业规则》第七十九条："客户认为供电企业装设的计费电能表不准时，有权向供电企业提出校验申请，供电企业应在七天内检验，并将检验结果通知客户"，以及《国家电网公司员工服务十个不准》第四条："不准对客户投诉、咨询推诿塞责。"所以，建立和完善服务机制，优化服务流程，为客户提供真诚、规范的供电服务，才能不断提升企业的品牌价值。

（三）赔表解释不到位，导致客户不满引发投诉

某年 11 月 22 日，客户王先生前往某供电营业厅反映家中电表突然烧毁，要求给予更换。营业厅客户代表将王先生电表烧坏问题转给计量部门。11 月 25 日，王先生来到计量部门询问为何烧坏的表还没有更换。计量班小张答复："你家电表烧坏，需要办理赔表手续，缴纳了赔表费后才能换表。"王先生表示不理解，认为自己家中用电量并不大，电表烧坏应该是电表质量问题，供电公司要求他缴纳赔表费不合理。小张不同意，并说这是客户超负荷导致的。在双方意见不一致的情况下，王先生拨打了 95598 供电服务热线进行了投诉。

上述案例中计量服务人员回答客户问题语气生硬，对损坏的表计赔偿解释不到位导致客户投诉，暴露出：该公司计量服务人员意识不强，在接待客户过程中，提醒客户电表烧坏赔偿是可能碰到的问题，无意间提高了客户的期望值，在客户期望值过高的情况下，沟通不足，导致了客户不满，继而引发投诉。

该案例违反了《国家电网公司供电服务规范》第二十一

条第六款的规定："发现因客户责任引起的电能计量装置损坏，应礼貌地客户分析损坏原因，由客户确认，并在工作单上签字"，以及《国家电网公司供电服务规范》第二十一条第五款规定："熟知本岗位的业务知识和相关技能，岗位操作规范、熟练，具有合格的专业技术水平。"